Archiem Mueller-Wolkensteinn
Daten und Signale kabellos mit rfPICS übertragen

FRANZIS
PC+ELEKTRONIK

Archiem Mueller-Wolkensteinn

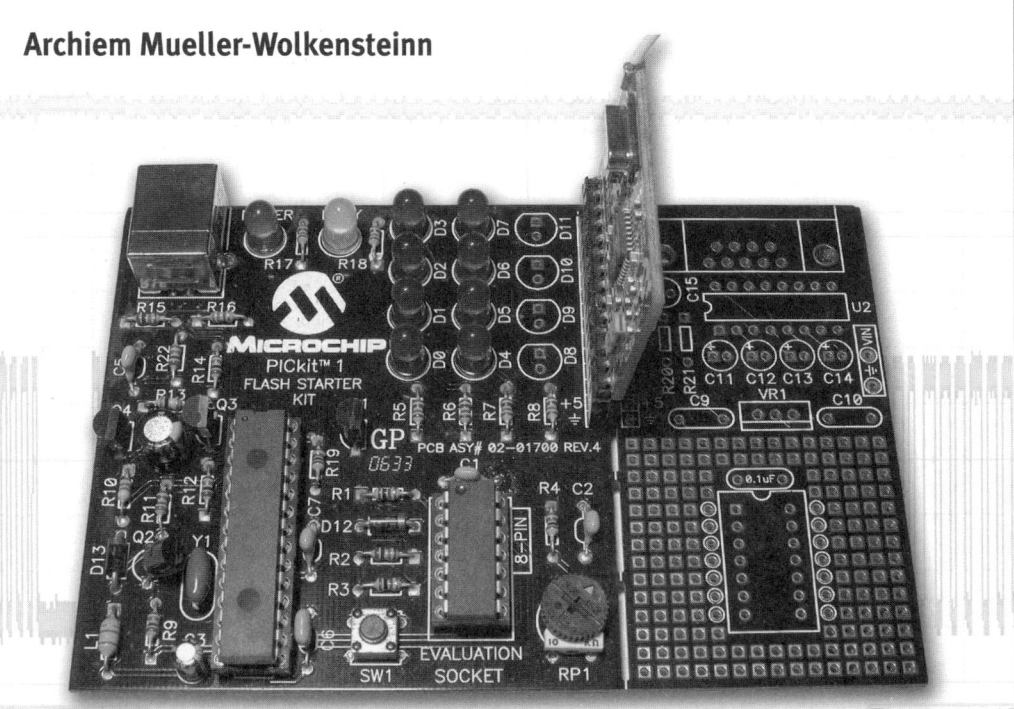

Daten und Signale kabellos mit
rfPICS übertragen

Tipps und Tricks rund um das rfPIC Development Kit 1

Mit 101 Abbildungen

Bibliografische Information der Deutschen Bibliothek

Die Deutsche Bibliothek verzeichnet diese Publikation in der Deutschen Nationalbibliografie; detaillierte Daten sind im Internet über **http://dnb.ddb.de** abrufbar.

Hinweis

Alle Angaben in diesem Buch wurden vom Autor mit größter Sorgfalt erarbeitet bzw. zusammengestellt und unter Einschaltung wirksamer Kontrollmaßnahmen reproduziert. Trotzdem sind Fehler nicht ganz auszuschließen. Der Verlag und der Autor sehen sich deshalb gezwungen, darauf hinzuweisen, dass sie weder eine Garantie noch die juristische Verantwortung oder irgendeine Haftung für Folgen, die auf fehlerhafte Angaben zurückgehen, übernehmen können. Für die Mitteilung etwaiger Fehler sind Verlag und Autor jederzeit dankbar. Internetadressen oder Versionsnummern stellen den bei Redaktionsschluss verfügbaren Informationsstand dar. Verlag und Autor übernehmen keinerlei Verantwortung oder Haftung für Veränderungen, die sich aus nicht von ihnen zu vertretenden Umständen ergeben. Evtl. beigefügte oder zum Download angebotene Dateien und Informationen dienen ausschließlich der nicht gewerblichen Nutzung. Eine gewerbliche Nutzung ist nur mit Zustimmung des Lizenzinhabers möglich.

Autorisierte Übersetzung der englischen Originalausgabe "Pro JavaScript Design Patterns" Copyright Apress 2008

Satz: Fotosatz Pfeifer, 82166 Gräfelfing
art & design: www.ideehoch2.de
Druck: Bercker, 47623 Kevelaer
Printed in Germany

ISBN 978-3-7723-**4340-7**

Vorwort

Dies ist mein zweites Buch über PIC-Mikrocontroller. Es gibt viele Gründe, sich für den einen oder anderen Hersteller zu entscheiden. Bei mir ist die Entscheidung, wie sicher bei manch anderem Entwickler auch, im Studium im Rahmen eines Praktikums gefallen. Es sollte eine kleine Steuerung entwickelt werden und ein Kommilitone drückte mir das PICSTART Plus in die Hand ...

Das erste Buch war für Anfänger gedacht, um einen Einstieg in die Welt der PIC-Mikrocontroller zu finden. Dieses Buch wird einen Schritt weiter gehen, hat aber auch wieder den Anspruch, nicht nur die dicken Datenblätter zu übersetzen, sondern mit kurzen Erklärungen zu einem funktionierenden Ergebnis zu kommen. Wem dennoch Fragen zu Details offenbleiben, der wird sie in den Datenblättern des Herstellers beantwortet finden.

Dieses Buch wendet sich auch diesmal an Elektronikbastler, die auf der Suche nach einer Einführung in die Welt von rf-Mikrocontrollern sind. Thema ist die kabellose Daten- und Signalübertragung. Zudem sind auch kleine Schaltungserweiterungen rund um das PICkit 1 und die rf-Entwicklungsumgebung von Microchip zu finden.

Hilfreich beim Durcharbeiten des Buchs sind Grundkenntnisse im Programmieren mit dem PIC-Assembler. Die Grundlagen aus dem ersten Buch sind hierzu ausreichend. Dieses Buch setzt Kenntnisse in der Elektrotechnik voraus, es kann in diesem Bereich nicht alle Details erklären.

Ich wünsche Ihnen viel Spaß bei der Lektüre des Buchs.

Archiem Mueller-Wolkensteinn

Inhaltsverzeichnis

1 Grundlagen

1.1 Signale und Daten kabellos übertragen

Als Bastler oder professioneller Entwickler steht man immer wieder vor dem Problem, dass man Eingaben oder Messwerte erfassen und diese an eine Zentrale übermitteln muss. In den meisten Fällen werden für diese Verbindungen Kabel benutzt. Es gibt aber auch immer wieder Situationen, in denen dies entweder nicht erwünscht oder auch einfach nur unpraktisch ist. Als Beispiel dient die PC-Maus: Sie hat ein Kabel, aber es geht ohne.

Es gibt sicher noch eine Unzahl weiterer Beispiele, stellvertretend seien zwei weitere genannt: der Garagentoröffner und ein nachgerüsteter Außen-Temperatursensor für die alte Heizungsanlage im Keller.

Der Unterschied liegt vor allem in den zu übertragenen Daten. Das Garagentor benötigt nur die Information „bewege dich", was nur einem Bit entspricht. Wie lange der Motor laufen soll, wird über andere Signalgeber, wie z. B. Endschalter, die mit Kabeln direkt erfasst werden, ausgewertet. Beim Garagentor handelt es sich also um ein einzelnes, sagen wir „Start-Bit", das übertragen werden muss.

Beim Temperatursensor ist es etwas anders. Hier soll ein analoger Wert, in diesem Fall eine Temperatur, an die Heizung übertragen werden. Um das nun mit einem Mikrocontroller zu handhaben, muss dieser das Signal erst einmal digitalisieren. Die meisten Mikrocontroller können analoge Werte über A/D-Wandlereingänge erfassen. Aber dabei handelt es sich eigentlich immer nur um feste Werte, die in kurzen Zeitabständen ermittelt werden. Man spricht auch von einer Abtastung des analogen Signals.

Will man nun den Wert digital übertragen, ist auch hier erst eine Digitalisierung für die Übertragung erforderlich. Es ginge auch analog ohne Controller, nur wäre der Aufwand dann ein ganz anderer. Wie der digitalisierte Wert übertragen wird, kann jeder Programmierer für sich selbst bestimmen.

Sendet man einfach die Bits, die vom A/D-Wandler kommen, oder rechnet man den Wert vorher in eine Temperatur um, vielleicht sogar mit einer Kommastelle, und überträgt ihn dann?

Diese Überlegungen spielen für den eigentlichen Vorgang der Übertragung keine Rolle. Physikalisch gesehen werden, wie beim Garagentor, nur aneinandergereihte Bits übertragen. Welche Bedeutung diese Bits haben, ist dem Programmierer überlassen. Auch wie viele Bits benötigt werden, um den vollen Informationsgehalt zu übertragen, ist allein Sache der Definition des Programmierers.

Nur die Größe einer Zahl, bzw. die Genauigkeit, hat einen direkten Einfluss auf die Anzahl der zu benutzenden Bits.

Es wird also, unabhängig von der Aufgabenstellung, immer nur eine Folge von Bits übertragen. Die Definition, wofür die Bits stehen und auch, ob sie ein Byte oder die Verschlüsselung darstellen, spielt für die eigentliche Übertragung keine Rolle.

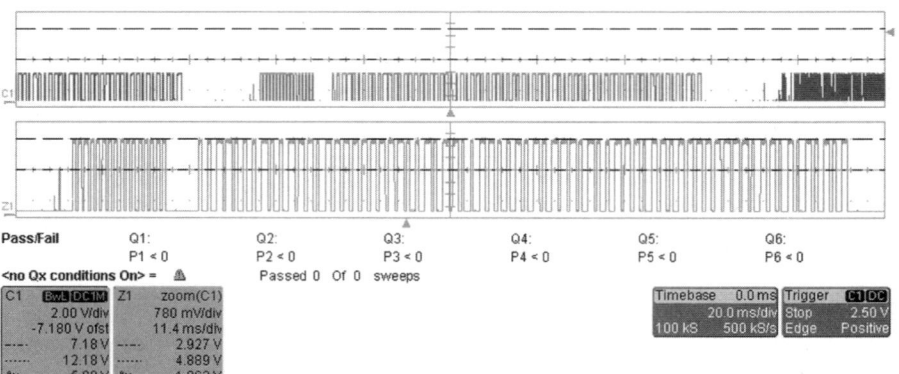

Abb. 1.1: Bitfolge einer digitalen Datenübertragung

Um solch eine digitale Übertragungsfolge zu erzeugen, kann ein rfPIC eingesetzt werden.

1.2 Was ist ein rfPIC?

Bei einem rfPIC handelt es sich eigentlich um einen ganz normalen PIC-Mikrocontroller. Nur ist dieser in der Lage, mithilfe einer kleinen Antenne Daten an einen oder mehrere Empfänger zu übertragen. Es gibt von der Firma Microchip zurzeit allerdings nur zwei verschiedene rfPICs für unterschiedliche Übertragungs-Frequenzen. Der aktuellste dieser Reihe ist der rfPIC12F675x.

Die Basis dieser rfPICs ist der fast gleichnamige *PIC12F675*. Dabei handelt es sich um einen kleinen achtpoligen Mikrocontroller, der den Lesern des Buchs *PICs für Einsteiger* bereits bekannt ist.

Dieser Mikrocontrollertyp beinhaltet die häufig für eine kleine Bedien- oder Erfassungseinheit erforderlichen Hardwareanforderungen, wie natürlich einige I/Os. In diesem Fall sind es maximal sechs Stück und davon können bis zu vier Pins als A/D-Wandlereingang geschaltet werden. Auch besitzt der Controller einen internen Oszillator, wodurch keine Eingänge für den externen Quarz verloren gehen. Praktisch ist das interne EEprom. Hier können Daten für die Konfiguration oder Geräteadressen abgelegt werden, die im Betrieb geändert werden könnten und nach einem Reset trotzdem wieder zur Verfügung stehen.

Die rf-Variante des PICs 12F675 unterscheidet sich in diesen Dingen nicht von der Standardvariante. Sie besitzt lediglich eine erweiterte Hardware, in der die rf-Funktionalität integriert ist.

Die rf-PICs sind allerdings nur in verschiedenen SMD-Bauformen lieferbar. Für ein Hobbyprojekt zum Löten von Hand kommt aber eigentlich nur noch die Bauform SSOP infrage.

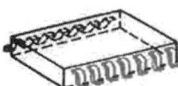

SO 6 ... SO 20 L   **Abb. 1.2:** Bauform SO

Zu diesen rf-Controllern gibt es zwei zu den Frequenzbereichen passende Empfängerbausteine mit den Bezeichnungen *rfRXD0420* für 300 bis 450 MHz und *rfRXD0920* für 800 bis 930 MHz.

Abb. 1.3: Größenvergleich der Chips

Diese Empfängerbausteine verfügen allerdings über keinen integrierten Mikrocontroller. Dadurch ist es aber möglich, den benötigten Mikrocontroller dem geplanten Aufgabebereich entsprechend auszuwählen. Aber auch diese Empfängerbausteine gibt es nur in zwei verschiedenen SMD-Varianten.

Abb. 1.4: Empfängerplatine des Kits SO

Um sich den vor allem für den Empfänger doch recht aufwendigen Selbstbau der Platinen zu ersparen, kommt in dem Buch das zu dem rf-Thema gehörige Entwicklungs-Set *rfPIC™ Development Kit* zum Einsatz.

Für alle in dem Buch vorgestellten Beispiele bildet das Entwicklungsboard die Grundlage. Abhängig von der Aufgabenstellung werden zu dem Sender oder Empfänger kleine Schaltungserweiterungen vorgestellt.

1.3 Reichweiten und Verschlüsselung

Die Reichweite der rf-Technik ist sehr unterschiedlich. In Gebäuden, vor allem jenen mit viel Stahlbeton, ist die Reichweite nicht allzu groß. Sie reicht aber meist durch eine gesamte Wohnung. Im Freien, wie z. B. im Garten, kann die Reichweite durchaus 100 Meter betragen. Hier hängt sie meist von anderen elektrischen Geräten ab – je nachdem, wie stark diese die Übertragung stören. Eigene Tests in diesem Bereich mit der Grundschaltung des rf-Kits, z. B. mit der Gartenbahn, ergaben eine Reichweite von ungefähr 30 Metern, ohne dass Störungen auftraten.

Da es sich bei den benutzten Frequenzen von 315 und 433 MHz für die rf-Technik um freie Frequenzbänder handelt, kann es leicht sein, dass auch der Nachbar ein Gerät auf dieser Frequenz betreibt. Hier sollte man dann eine Verschlüsselung oder eine Codierung einsetzen. So kann man die eigenen Daten auch für andere unlesbar machen. Alternativ kann mit einer Adresse gearbeitet werden, die den Sender einem bestimmten Empfänger zuweist. Hier bietet das Demoprogramm des Kits bereits einige Möglichkeiten, auf die noch eingegangen wird.

Die Sendeleistung dieser kleinen rfPIC-Controller kann durch eine Spannung mit der Bezeichnung *PS*, die über verschiedene Widerstandswerte eingestellt wird, beeinflusst werden. Der Anschluss erfolgt an Pin 8 des rf-Controllers.

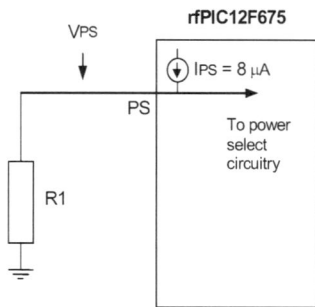

Abb. 1.5: Leistungsauswahl durch Widerstand

Welche Sendeleistung die rf-Platine im Zusammenspiel mit welchem Widerstand erreicht, kann der folgenden Tabelle entnommen werden:

Power Step	Output Power (dBm)		PS Voltage (Volts)	R1 Resistance (Ω)	RF Transmitter Current (mA)
4	9		1.6	open	10.7
3	2		0.8	100k [3]	6.5
2	-4		0.4	47k [3]	4.7
1	-12		0.2	22k [3]	3.5
0	-70		0.1	short	2.7

Note 1: Standard Operating Conditions, TA = 25°C, RFEN = 1, VDDRF = 3V, fTRANSMIT = 433.92 MHz

2: Typical values, for complete specifications see data sheet Section 13.0.

3: R1 resistor variations plus IPS current supply variations must not exceed VPS step limits.

Abb. 1.6: Widerstandswerte zur Beeinflussung der Sendeleistung

Der hier beschriebene Widerstand, im Schaltplan der Sendeplatine ist es R8, ist auf den rf-Boards von Microchip standardmäßig nicht bestückt. Das bedeutet, dass man in der Praxis die Sendeleistung dieser Boards nur verringern und nicht weiter erhöhen kann. In allen Beispielen dieses Buchs bleibt dieser Widerstand unbestückt und wird auch sonst nicht weiter betrachtet. Wer hier tiefer in die Welt der rf-Technik mit der dazu gehörenden Antennenberechnung einsteigen möchte, findet dazu weitere Informationen im Datenblatt auf Seite 55 sowie in der entsprechenden Technical Note AN242 *Designing an FCC Approved ASK rfPIC™ Transmitter* von Microchip.

1.4 Abkürzungen und Begriffe

Abkürzungen und auch der eine oder andere spezielle Begriff finden in dem Buch Verwendung, die nicht jedem auf Anhieb geläufig sind. Die wichtigsten sind folgend aufgeführt:

A/D   Abkürzung für einen Analog/Digital-Wandler

ASK   amplitude shift keying – Amplitudenumtastung

FSK   frequency shift keying - Frequenzumtastung

PIC   programmable integrated circuit

rf   radio frequency

EMV   elektromagnetische Verträglichkeit

I/O   Input/Output oder Ein- und Ausgang

SMD   surface mounted device

Jumper   kleine Stecker, die als elektrische Brücke dienen

HEX   Abkürzung für das Hexadezimalsystem

IC   integrated circuit

VDD   die positive Versorgungsspannung eines ICs

VSS   die negative Versorgungsspannung eines ICs

brennen   Programmieren eines Controllers

xxx.asm   Endung von Dateien mit Assemblerprogrammen

xxx.hex   Endung von Dateien von Quellcodes zu Controllern

2 rfPICs

Der Befehlssatz der rf-Controller entspricht den Standardbefehlen der 8-Bit-Mikrocontroller von Microchip mit seinen 35 Befehlen. Es handelt sich bei der rf-Version um eine reine Hardwareerweiterung für den rf-Teil, der mit zusätzlichen Pins ausgestattet ist. Da aufgrund der Größe nur eine begrenzte Anzahl von I/O-Pins zur Verfügung steht, sollte man sich bei der Projektgestaltung von Anfang an darüber Gedanken machen. Hier sind sonst schnell die Grenzen erreicht und einige Tricks nötig, um sich zu helfen.

2.1 Die Unterschiede zum Standart PIC 12F675

Die auffälligsten Unterschiede sind natürlich in der Bauform zu finden. Die rf-PICs haben, statt eines 8-poligen, ein 20-poliges Gehäuse. Die zusätzlichen Pins dienen ausschließlich dem rf-Teil, während ein Pin als Ausgang für die Antenne fungiert.

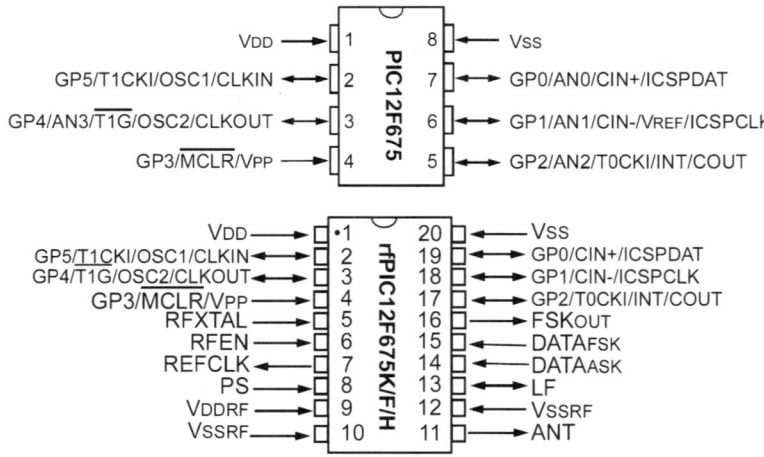

Abb. 2.1: Pin-Diagramm der Controller

Trotzdem besteht aber eine Art von Pin-Kompatibilität. Alle Pins, die vom Standard PIC12F675 her bekannt sind, sitzen bei der rf-Version auch an den gleichen „Beinchen". Dies erkennt man gut beim direkten Vergleich der beiden Pin-Diagramme.

So ist es z. B. möglich, Programme, die für einen PIC12F675 geschrieben wurden, auch auf einem rfPIC zu benutzen oder aus einer „normalen" mit einigen kleinen Erweiterungen eine rf-Anwendung zu machen. Bei komplexeren Entwicklungen besteht auch die Möglichkeit, in dem Test-Board einen einfachen PIC12F675 in DIP-Bauform zu benutzen. Auch kann auf diese Weise der ICE 2000 Emulator für den PIC12F675 eingesetzt werden. Es wird dann lediglich die rf-Hardware des anderen Bausteins benutzt.

Auf solche Anwendungen wird hier aber nicht weiter eingegangen, da solch ein Emulator-Werkzeug für den Hausgebrauch etwas teuer ist.

2.2 Die Configbits der rfPICs

Die Konfigurations-Bits unterscheiden sich bei der rf-Variante nicht von dem normalen PIC 12F675, der schon im ersten Buch *PICs für Einsteiger* erklärt wurde. Hier können unter anderem das EEprom geschützt, die verschiedenen Clock-Quellen gewählt oder der Watchdog, das Brown-out-Detect und der Power-up-Timer aktiviert oder deaktiviert werden. Auch lässt sich hier der Controller mit dem Code-Protect-Bit vor einem ungewollten Auslesen des Programms durch Dritte schützen. Als Letztes kann noch Pin 4 GP3 als RESET-Eingang oder einfacher I/O definiert werden.

Wichtig: Diese Einstellungen lassen sich im Betrieb nicht mehr ändern. Sie müssen vom Programmierer einmalig am Anfang des Projekts festgelegt werden.

Hier die detaillierte Aufstellung aller Konfigurations-Bits, wie sie auch im Datenblatt des rfPICs 12F675x auf Seite 56 dargestellt ist:

REGISTER 10-1:   CONFIG — CONFIGURATION WORD (ADDRESS: 2007h)

R/P-1	R/P-1	U-0	U-0	U-0	R/P-1	R/P-1	R/P-1	R/P-1	R/P-1	R/P-1	R/P-1	R/P-1	R/P-1
BG1	BG0	—	—	—	$\overline{\text{CPD}}$	$\overline{\text{CP}}$	BODEN	MCLRE	$\overline{\text{PWRTE}}$	WDTE	FOSC2	FOSC1	FOSC0
bit 13													bit 0

bit 13-12	**BG1:BG0**: Bandgap Calibration bits for BOD and POR voltage[1] 00 = Lowest bandgap voltage 11 = Highest bandgap voltage
bit 11-9	**Unimplemented**: Read as '0'
bit 8	**CPD**: Data Code Protection bit[2] 1 = Data memory code protection is disabled 0 = Data memory code protection is enabled
bit 7	**$\overline{\text{CP}}$**: Code Protection bit[3] 1 = Program Memory code protection is disabled 0 = Program Memory code protection is enabled
bit 6	**BODEN**: Brown-out Detect Enable bit[4] 1 = BOD enabled 0 = BOD disabled
bit 5	**MCLRE**: GP3/$\overline{\text{MCLR}}$ pin function select[5] 1 = GP3/$\overline{\text{MCLR}}$ pin function is $\overline{\text{MCLR}}$ 0 = GP3/MCLR pin function is digital I/O, $\overline{\text{MCLR}}$ internally tied to VDD
bit 4	**PWRTE**: Power-up Timer Enable bit 1 = PWRT disabled 0 = PWRT enabled
bit 3	**WDTE**: Watchdog Timer Enable bit 1 = WDT enabled 0 = WDT disabled

Abb. 2.2: Liste aller Konfigurationsbits

Fortsetzung des Datenblatt von S.17

bit 2-0   **FOSC2:FOSC0**: Oscillator Selection bits

     111 = RC oscillator: CLKOUT function on GP4/OSC2/CLKOUT pin, RC on GP5/OSC1/CLKIN
     110 = RC oscillator: I/O function on GP4/OSC2/CLKOUT pin, RC on GP5/OSC1/CLKIN
     101 = INTOSC oscillator: CLKOUT function on GP4/OSC2/CLKOUT pin, I/O function on GP5/OSC1/CLKIN
     100 = INTOSC oscillator: I/O function on GP4/OSC2/CLKOUT pin, I/O function on GP5/OSC1/CLKIN
     011 = EC: I/O function on GP4/OSC2/CLKOUT pin, CLKIN on GP5/OSC1/CLKIN
     010 = HS oscillator: High speed crystal/resonator on GP4/OSC2/CLKOUT and GP5/OSC1/CLKIN
     001 = XT oscillator: Crystal/resonator on GP4/OSC2/CLKOUT and GP5/OSC1/CLKIN
     000 = LP oscillator: Low power crystal on GP4/OSC2/CLKOUT and GP5/OSC1/CLKIN

Note 1: The Bandgap Calibration bits are factory programmed and must be read and saved prior to erasing the device as specified in the rfPIC12F675 Programming Specification. These bits are reflected in an export of the configuration word. Microchip Development Tools maintain all calibration bits to factory settings.
     2: The entire data EEPROM will be erased when the code protection is turned off.
     3: The entire program memory will be erased, including OSCCAL value, when the code protection is turned off.
     4: Enabling Brown-out Detect does not automatically enable Power-up Timer.
     5: When MCLR is asserted in INTOSC or RC mode, the internal clock oscillator is disabled.

Abb. 2.2: Liste aller Konfigurationsbits

Das Setzen dieser Konfigurations-Bits kann auf zwei Arten erfolgen: entweder im Quellcode des Programms mit der Anweisung __CONFIG H'1F72' als kurze Schreibweise oder in der ausführlichen Form.

```
_CONFIG_CPD_OFF &_CP_OFF &_BODEN_OFF &_MCLRE_OFF &_PWRTE_OFF &_WDT_OFF
&_INTRC_OSC_NOCLKOUT
```

Die andere Alternative ist, die Konfigurations-Bits in der Programmiersoftware MPLAB in den Einstellungen zum gewählten Controller zu setzen.

Die Auswahl trifft man durch das kleine Häkchen *Configurations Bits* set *in Code*. Hier ist die Funktionalität von MPLAB in den Versionen ab 7.xx erweitert worden. Nun kann man durch ein kleines Häkchen in der Rubrik *Configuration Bits* eindeutig bestimmen, welche Einstellungen verwendet werden sollen.

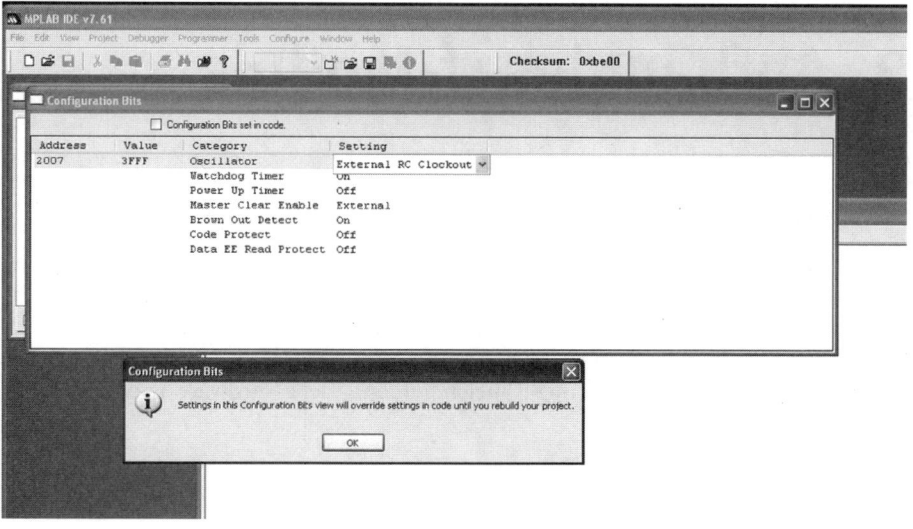

Abb. 2.3: Setzen der Configbits in MPLAB

Die Grundeinstellung von MPLAB ist, dass diese Einstellungen im Programm erfolgen sollen. Vergisst man sie, arbeitet der Controller mit seinen Standardeinstellungen. Dann kann es durchaus passieren, dass der Controller nicht ganz das macht, was man sich vorgestellt hatte. Besondere Beachtung sollte man immer der Einstellung *Master Clear Enabel* zukommen lassen. Steht dieses Bit auf *External* und ist der Eingang dann nicht richtig beschaltet, bleibt der Controller im *RESET* stehen!

3 Aufbau des rf-Moduls

In dem folgenden Blockdiagramm ist der Aufbau des rf-Teils des Mikrocontrollers schematisch dargestellt.

Interessant dabei ist vor allem, dass das Modul völlig unabhängig vom eigentlichen Mikrocontroller ist. Es besteht so die Möglichkeit, auch die beiden Dateneingänge für die zwei verschiedenen Betriebsarten *FSK – Frequency Shift Keying* und *ASK – Amplitude Shift Keying* durch einen anderen Controller mit Daten zu versorgen. Dies kann interessant werden, wenn man mehr Speicher oder andere Hardware-Funktionen zusätzlich am Sender benötigt.

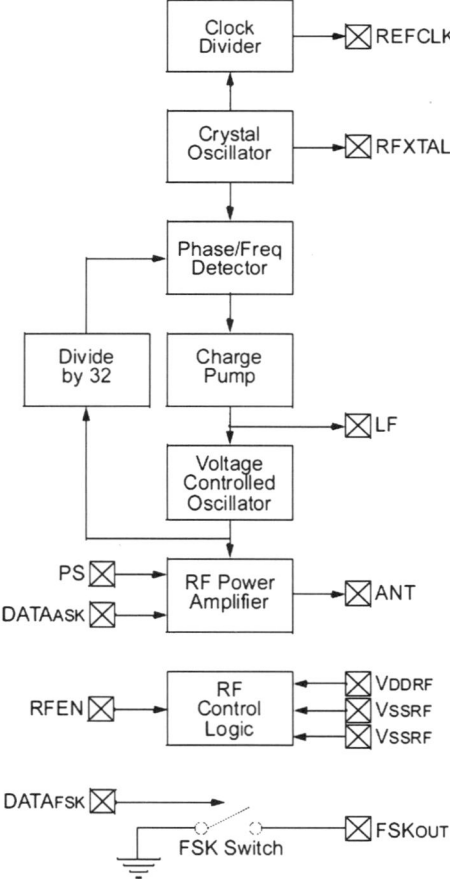

Abb. 3.1: Darstellung des rf-Moduls

Die Senderplatinen des rf-Kits sind so beschaltet, das die rf-PICs im ASK-Amplitude-Shift–Keying-Modus betrieben werden. Bei der ASK-Modulation werden die Daten durch Variation der Ausgangsleistung übertragen.

Wie man im Blockschaltbild sieht, benötigt das rf-Modul im Gegensatz zum einfachen Kontroller immer einen zusätzlichen externen Quarz. Dieser Quarz wird an Pin 5 mit dem Namen rfXTAL angeschlossen und dient der Erzeugung der Übertragungsfrequenz. Diese berechnet sich folgendermaßen:

$$f_{transmit} = f_{RFXTAL} \times 32$$

Abb. 3.2: Berechnung der Übertragungsfrequenz im ASK-Modus

Wer weitere Hintergrundinformationen zur Auswahl des Quarzes der Übertragungsfrequenz sucht, findet diese in den *Application Notes* von Microchip mit den Nummern AN588 und AN626 im Internet auf der Homepage. Der Oszillator (das Sendemodul) ist eingeschaltet, wenn der Eingang des rf-Moduls *RFEN*, das für rf-Enabel steht, auf *1* gesetzt wird. Das darauf folgende Anlaufen des Senders benötigt etwa eine Zeit von 1ms. Diese Zeit ist umso kürzer, je höher die Frequenz des Crystals ist.

3.1 Die Senderplatine

Die Schaltung des Senders ist sehr übersichtlich. Die wichtigsten Punkte werden hier kurz vorgestellt (siehe *Abb. 4.1*):

Neben den „normalen" Pins eines PIC 12F675 gibt es einen Anschluss der Antenne mit Pin 11, die beim Entwicklungsboard des rf-Kits im Layout der Platine integriert ist. Es ist so kein weiterer Draht oder Ähnliches als Antenne erforderlich.

Beim Arbeiten mit der Platine ist die Leuchtdiode am Ausgang von Pin 3 GP5 hilfreich. Dieser Ausgang schaltet die kleine LED DS1 und den rf-Teil des Controllers über den RFEN-Eingang ein und aus. Leuchtet die LED, ist der rf-Teil des Controllers aktiv.

Die beiden Taster SW1 und SW2, die als Eingabemöglichkeit dienen, sind an den Pins 4 + 5 (GP3 + GP4) angeschlossen und ebenfalls, wie auch die Taste auf dem PICkit1, NULL-aktiv.

Wenn also eine betätigte Taste erkannt werden soll, ist der Eingang auf eine *0* (Null) und nicht auf eine „EINS" abzufragen. Dies muss man bei der Auswertung eines Tastendrucks mit den Demo-Boards beachten.

Die beiden verstellbaren Widerstände gehen als Sollwertgeber auf die Analogkanäle AN0 und AN1. Dies sind die Pins 17 + 18 (GP0 + GP1).

Über den Platinenstecker J3 ist es auf einfache Weise möglich, den Controller auf der Senderplatine neu zu beschreiben. Es muss lediglich der Jumper *P1* für die Wahl der

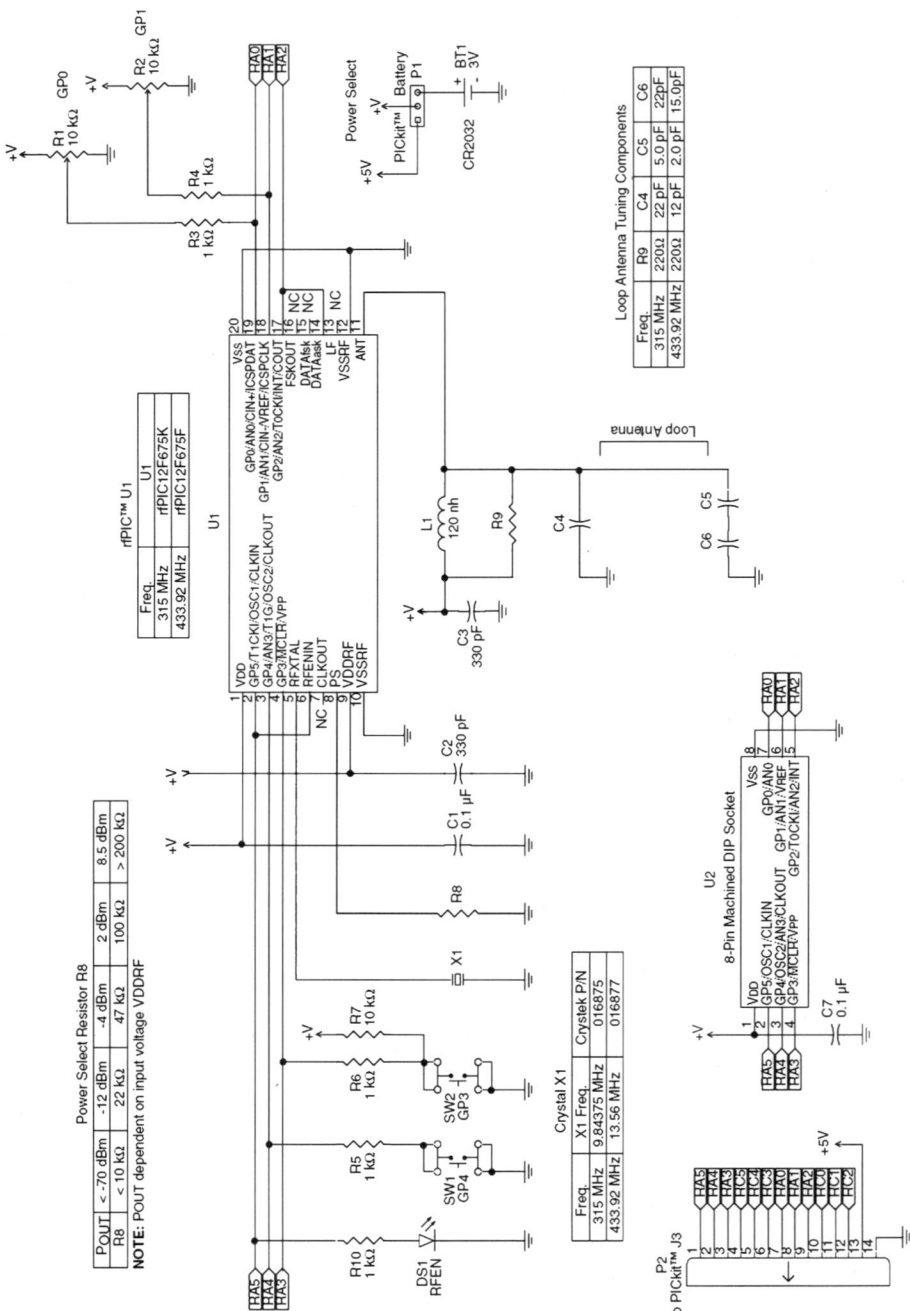

Abb. 3.3: Schaltplan des Senders aus dem rf-Kit

Betriebsspannungsversorgung auf den Label *PICkit* umgesteckt werden, damit die Spannungsversorgung über das PICkit1 erfolgt.

Wichtig: Möchte man die vorhandene Schaltung über den Platinenstecker erweitern, muss man beachten, dass die Batteriespannung nicht mit auf dem Platinenstecker P2 liegt.

Hier muss man sich dann entweder einen kleinen dreipoligen Brückenstecker als Jumper P1 zur Überbrückung der Betriebsspannung bauen oder eine feste Verbindung auf die Platine löten, damit auch die Batteriespannung an Pin 13 des Übergabesteckers J2 für eine Spannungsversorgung bereitsteht.

Achtung! Lötet man sich eine Brücke auf die Platine, muss man beim Brennen des Mikrocontrollers darauf achten, dass die Batteriespannung durch Entnehmen der Batterie abgeschaltet wird. Hier treffen sonst unterschiedliche Spannungen aufeinander: 3 V der Batterie auf 5 V des PICkits.

Bei der Programmentwicklung ist es hilfreich, wenn man sich aus der Bastelkiste einen kleinen Schalter heraussucht, mit dem man an dieser Stelle die Spannungsversorgung umschaltbar gestaltet.

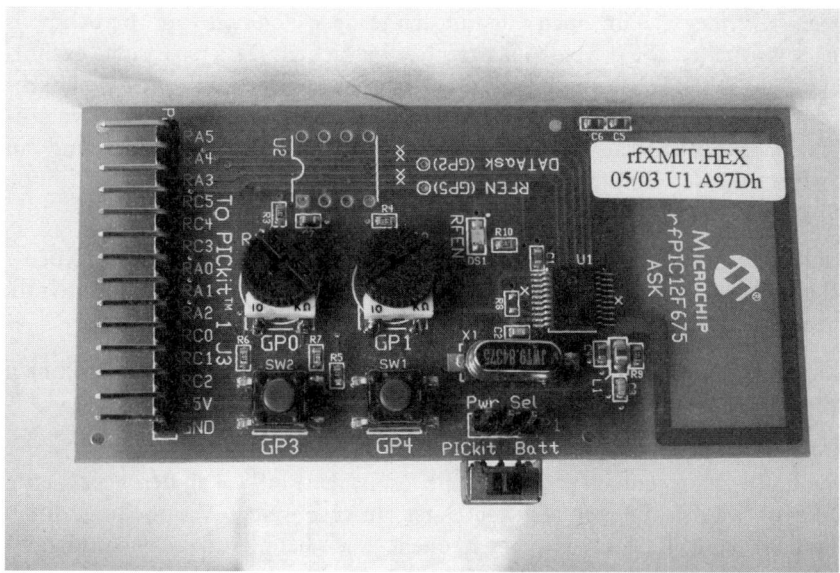

Abb. 3.4: Sendeplatine mit einem kleinen Schalter für die Spannungsversorgung

In der obigen Abbildung erkennt man links in der Original-rf-Platine die integrierte Antenne als breiten Streifen. Unten rechts auf der Platine, wo die Taster sind, befindet sich *P1*, der Jumper für die Betriebsspannungsauswahl. Diese Platine hat an der Stelle, wie beschrieben, einen kleinen Wahlschalter erhalten, was die Arbeit erheblich erleichtert.

Einen großen Vorteil bieten die auf dem Board verwendeten Tasten, denn sie sind prellfrei. Hier muss man sich, wenn man auf die Schnelle etwas testen möchte, keine zusätzlichen Gedanken machen.

3.2 Die Empfängerplatine

Die Schaltung auf der Empfängerseite ist erheblich aufwendiger, als auf der Senderseite. Hier kann man leider nicht auf einen kleinen Chip zurückgreifen, in dem alles integriert ist.

Das Herzstück der Empfängerschaltung ist ein Empfängerbaustein aus der Reihe *rfRXD0x20* von Microchip, von denen es zu jedem rfPIC einen passenden gibt. (s. Abb. 3.5 auf der nächsten Seite)

Zusätzlich zum Empfängerbaustein werden am Antenneneingang ein kleiner SAW-Filter sowie einige zusätzliche Widerstände und Kondensatoren rund um den rfRXD0x20 für den Betrieb der Schaltung benötigt. Der Selbstbau eines solchen Empfängers ist um einiges aufwendiger. Alle Bauteile sind nur in SMD-Gehäusen erhältlich und für das Platinenlayout sind viele Bedingungen rund um die EMV einzuhalten.

Aus diesem Grunde wird im Buch nur mit den fertigen Platinen von Microchip als Empfänger gearbeitet. Diese werden als gegeben betrachtet. Das erspart eine eventuelle Fehlersuche in der Schaltung, die ohne aufwendige Messtechnik zum Teil nur sehr schwer durchzuführen wäre. Wer aber genügend Erfahrung hat und nicht davor zurückschreckt, sich solch eine Platine selbst zu bauen, findet den Schaltplan und ein Platinenlayout für den Empfänger, wie er zum rf-Kit gehört, unter der Bezeichnung DS70093 bei Microchip auf der Homepage.

Wer tiefer in die Schaltung einsteigen möchte, findet auf der Homepage von Microchip neben dem aktuellen Datenblatt zum rfRXD0420 auch einige Technical Notes zum Thema rf-Empfänger und deren Gestaltung.

Für das Arbeiten mit der Platine im Rahmen des Buchs sind nur folgende Punkte wichtig:

Sie benötigt eine Betriebsspannungsversorgung von 5 V an den Pins 13 und 14 der Steckerleiste P1. Der eigentlich entscheidende Pin ist der Pin *RC1* an der Steckerleiste P1. An diesem werden die empfangenen Daten für eine weitere Verarbeitung durch einen zusätzlichen Mikrocontroller bereitgestellt. Auch benötigt diese Schaltung, im Gegensatz zum Sender, eine kleine externe Antenne am Anschluss *ANT*.

Für die Weiterverarbeitung der Daten, die durch die Platine mit dem rfRXD0420-Chip bereitgestellt werden, kann prinzipiell jeder beliebige Mikrocontroller verwendet werden. Es muss sich dabei noch nicht einmal um einen PIC-Controller handeln.

In den Beispielen von Microchip zu dem rf-Kit wird der PIC16F676 verwendet. Dies ist ein kleiner 14-poliger Mikrocontroller mit 12 IOs, wie er für kleine Anwendungen

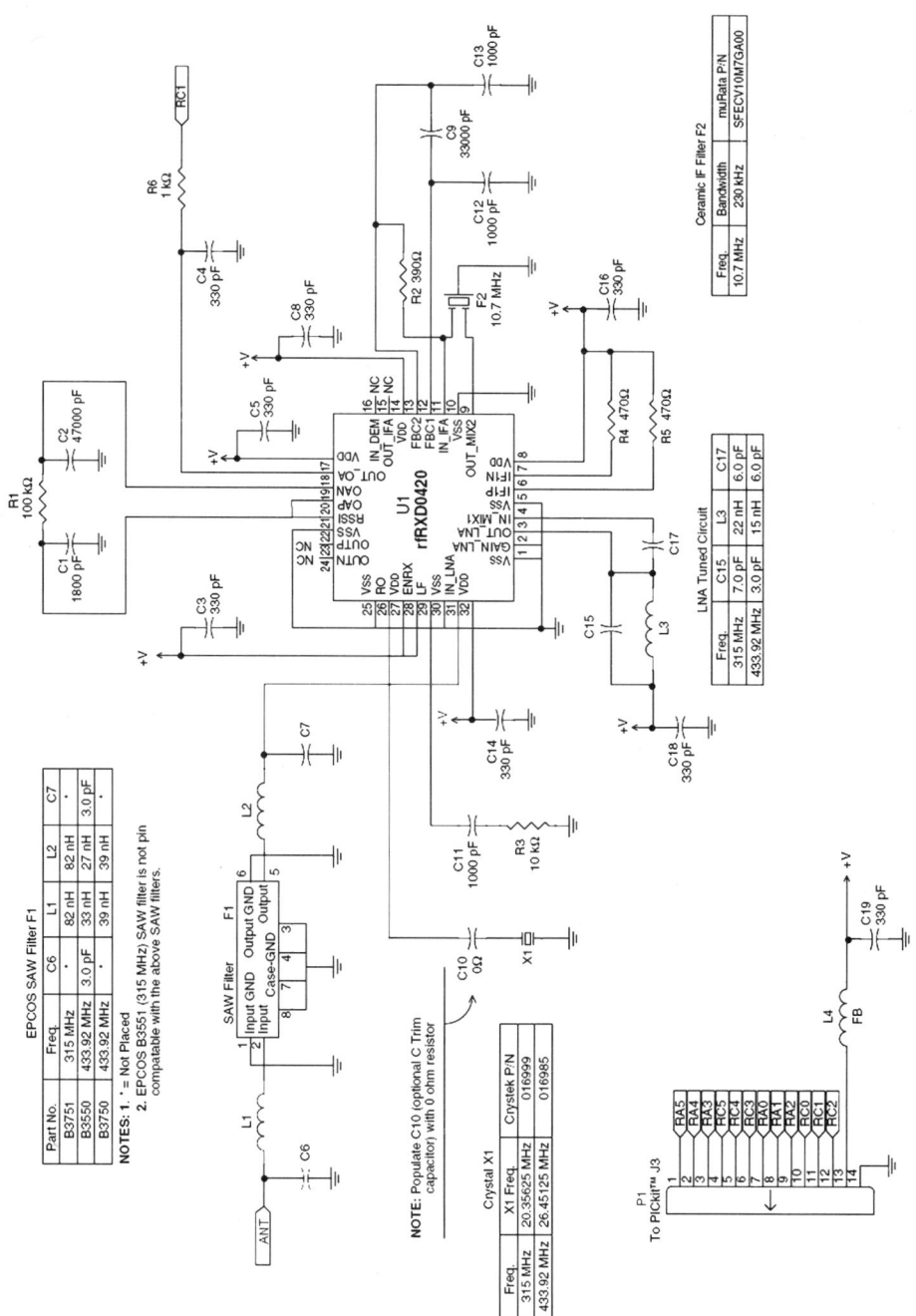

Abb. 3.5: Schaltplan des Empfängers ohne Controller

sicher oft ausreicht. Er liegt fertig programmiert mit dem Demoprogramm *RCVR. HEX* dem rf-Kit für erste Versuche bei.

Um die Möglichkeiten für die Beispiele zu vergrößern, kommt im Buch als Mikrocontroller auf der Empfängerseite der *PIC16F684* zum Einsatz. Dieser Mikrocontroller ist seitens Größe und Anordnung der I/O-Pins kompatibel zum PIC16F676 und lässt sich auch mit dem PICkit1 brennen, sodass mit der gleichen Entwicklungsumgebung gearbeitet werden kann. Auch sind keine nennenswerten Änderungen an dem Demoprogramm erforderlich, um es auf dem PIC 16F684 laufen zu lassen.

Die Beschaffung eines Controllers vom Typ PIC16F684 sollte kein Problem sein, da ihn alle großen Versandhändler im Programm haben.

Die Entscheidung, die Software auf einen PIC16F684 zu übertragen, fiel aufgrund des zusätzlichen PWM-Moduls, über das der PIC16F676 nicht verfügt. Dazu aber in den Beispielen mehr. Natürlich macht sich auch bei größeren Projekten der größere Arbeitsspeicher positiv bemerkbar. Wem der PIC16F684 zu wenig Speicher bietet, der kann auf den PIC16F688 ausweichen. Dieser Controller bietet mit 4 kB noch einmal das Doppelte an Speicher wie der PIC16F684 und ist ebenfalls pinkompatibel zu den beiden vorgenannten Controllern. Natürlich lässt sich auch der PIC16F688 mit dem PICkit1 programmieren.

Für große Projekte, bei denen vielleicht noch mehr Speicher und zusätzliche Hardwarefunktionen benötigt werden, können mit anderen Brennern und entsprechenden Controllern natürlich noch ganz andere Speichergrößen und Funktionalitäten erreicht werden.

4 Das PICkit1

Da das PICkit1 auch ein Bestandteil des rf-Kits ist und auch in diesem Buch der Schwerpunkt auf der Programmierung von Controllern liegt, soll wieder möglichst viel auf die Möglichkeiten der vorliegenden Platinen zurückgegriffen werden. Auf dem Board des PICkit1 stehen für Testzwecke in der Grundausstattung acht Leuchtdioden, ein Taster und ein Spannungsteiler als Analogwertgeber zur Verfügung. Alle anderen Bauteile werden nur für die Programmierung der Controller benötigt. Der genaue Schaltplan zum PICkit1 kann der CD, die dem Starter-Kit beiliegt, entnommen werden.

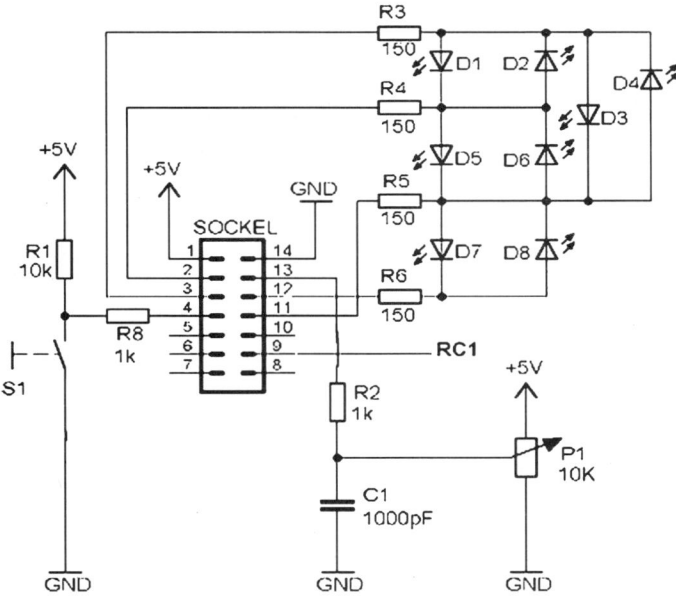

Abb. 4.1: Schaltung der Experimentierplatine

Wer dieses Board nicht besitzt, kann mithilfe des in der Abbildung vorgestellten Schaltplans seine eigene kleine Experimentierplatine aufbauen, die für die einzelnen Beispiele immer wieder in verschiedenen Ausführungen zum Einsatz kommt. Diese entspricht in ihrer Funktion der des PICkit1-Boards. Es besteht hier aber keine Möglichkeit, einen Controller zu brennen. Dazu werden weitere Bauteile in der Schaltung benötigt.

Den Mittelpunkt der Schaltung bildet der 14-polige IC-Sockel. Die Pins 6-8 und 10 sind ohne Funktion und bleiben vorerst frei. An Pin 9 des Mikrocontrollers sollte das Signal vom Empfänger für die Demoprogramme von Microchip liegen.

Gleiches gilt entsprechend für das Original-PICkit1-Board, das man leicht erweitern kann. Als Sockel sollte man bei einem Eigenbau einen Feder- oder – noch besser – einen Nullkraftsockel einsetzen, da der Controller dann zum Brennen häufiger entnommen werden muss.

Wie man sieht, werden in dieser Schaltung die Leuchtdioden nicht direkt angesprochen. So ist es möglich, mit nur vier Ausgängen acht Leuchtdioden anzusteuern. Erweitert man das PIC-Board oder die Schaltung, können sogar bis zu 12 Leuchtdioden mit nur vier Pins adressiert werden. Dies ist möglich, da die Eigenschaften der Pins der meisten Mikrocontroller im Betrieb fast beliebig geändert werden können.

Es wird dabei ausgenutzt, dass die Pins der PIC-Mikrocontroller im Betrieb drei (!) und nicht, wie in der Digitaltechnik sonst üblich, nur zwei verschiedene Zustände annehmen können. Es gibt, neben dem eigentlichen *an/aus*, was mit *HIGH/LOW* bezeichnet wird und 5 V oder 0 V am Ausgang entspricht, einen dritten Zustand, der einem *Offen* entspricht. „*Offen*" bedeutet hierbei „*hochohmig*" (tristate) – ähnlich einem offenen Schalter. Man kann in diesem Zustand dort weder 0 V noch 5 V messen. Die wirkliche Anzeige eines Messgeräts hängt dabei von Bauart und Qualität des Messgeräts ab. Für die Schaltung ist dieser Zustand, als ob bei einer Lampe die zweite Seite der Leitung in die Luft gehalten würde.

5 Die Demoanwendung

Sind die Platinen im Eigenbau entstanden, kann es schon mal zu Problemen bei der ersten Inbetriebnahme kommen. Leider ist aber aufgrund der vielen Fehlermöglichkeiten hier keine gezielte Hilfestellung möglich. Ist man aber im Besitz des Original-rf-Kits, wovon einfachheitshalber ausgegangen wird, sollte die Inbetriebnahme reibungslos verlaufen. Dazu steckt man eine der beiden kleinen Empfängerplatinen in die Buchsenleiste J3 des PICkit1 (dabei ist auf die Richtung zu achten!). Der Pin 1 ist an der Außenkante, die bestückte Seite der Platine zeigt dann zu den Leuchtdioden auf dem PICkit1. Auch sollte der mitgelieferte PIC16F676 mit dem Programm *rcvr_analog_display.asm*, er ist mit *RCVR.HEX* beschriftet, in den Sockel des PICkit1 gesteckt werden.

Nun wählt man den passenden Sender zum Empfänger aus und schaltet den Sender, durch Umstecken des Jumpers an P1 in die Position „Battery", ein. Bei dem Betätigen einer der beiden Taster SW1 oder SW2 auf der Senderplatine sollte dann der aktuelle „Analogwert" des entsprechenden Potis oberhalb der Taste an das PICkit1 übertragen und dort durch die Leuchtdioden dargestellt werden.

Der Controller auf der Empfängerseite stellt den empfangenen analogen Wert dann mithilfe der acht Leuchtdioden in binärer Form (0-255) dar. Dazu muss man sich die acht LEDs übereinander als ein Byte vorstellen.

Durch Drehen an dem zur Taste gehörenden Poti sollte sich der angezeigte Wert am Empfänger verändern. In der einen Endstellung sollte einmal keine LED leuchten, an dem anderen Endanschlag dann alle Leuchtdioden gleichzeitig. Lässt man die Taste bei einer beliebigen Potistellung los, erlöschen die Leuchtdioden nach kurzer Zeit. Und schon sollten die ersten Daten kabellos übertragen worden sein.

Sollte das Ganze wider Erwarten doch nicht funktionieren, ist als Erstes zu kontrollieren, ob man den richtigen Sender mit dem passenden Empfänger benutzt. Beides muss entweder mit 433 oder 315 MHz beschriftet sein.

Eine weitere einfache Kontrolle bei der Fehlersuche ist es, erst einmal zu prüfen, ob die kleine rote LED auf der Sendeplatine bei der Betätigung einer der beiden Tasten leuchtet. Wenn dem nicht so ist, sollte man nachschauen, ob der Jumper P1 richtig gesteckt wurde. Vielleicht ist auch die Batterie schon leer?

Zurück zum Demoprogramm, mit dem die ersten Daten bereits erfolgreich übertragen wurden. Eigentlich handelt es sich ja um mehrere Demoprogramme, die dem rf-Kit beiliegen. Für den Anwender sind dabei besonders die Programme *xmit_demo.asm* und *rcvr_analog_display.asm* von Interesse. Sie sind Grundlage für alle Beispiele in diesem Buch. Diese beiden Programme werden nun näher betrachtet.

Leser, die noch nicht mit dem PIC-Assemblerbefehlen vertraut sind, finden am Ende des Buchs ein ausführliches Kapitel rund um die Befehle und Register der kleinen PIC-Controller. Das Wissen darum wird hier vorausgesetzt. Auch zu dem Umgang mit MPLAB folgt noch ein gesondertes Kapitel.

Viele Teile der Programme sollten erst einmal als gegeben betrachtet werden – etwa wie ein Werkzeug, das man für eine kleine Bastelei dem Werkzeugkasten entnimmt, um damit zu arbeiten. Damit die digitale Datenübertragung überhaupt funktioniert, müssen viele Randbedingungen im Aufbau der Platinen und in der Software beachtet werden. Im Rahmen dieses Buchs wird erklärt, wie man mit diesen Werkzeugen zur Datenübertragung ohne detaillierte Kenntnisse arbeiten kann. Dass sie funktionieren, wird als gegeben hingenommen.

Für erste Anwendungen reichen die Softwaretools, die zum rf-Kit mit geliefert werden. Erst wenn diese nicht mehr ausreichen, muss man sich in die Details und vielleicht sogar in die Datenblätter einarbeiten.

Betrachtet man unter diesen Gesichtspunkten die mitgelieferten Demoprogramme, werden sie schon sehr viel übersichtlicher. Man erkennt auch recht schnell, dass die Programme sogar unter diesen Voraussetzungen aufgebaut wurden. Sie können grob in ein Sende- oder Empfangsteil und ein Anwenderteil gegliedert werden – auch wenn man die Grenzen nicht ganz hart ziehen kann. Diese Grenzen werden in den folgenden Kapiteln und Beispielen herausgearbeitet.

6 Kurze Einführung in Flussdiagramme

Um die folgenden Programme besser und anschaulicher erklären zu können, werden teilweise kleine Flussdiagramme verwendet. Für Leser, die damit nicht so vertraut sind, folgt eine kleine Einführung in das Thema. Alle anderen können das Kapitel überspringen.

Flussdiagramme bestehen aus unterschiedlich geformten Zeichnungselementen und werden benutzt, um einen komplexen Ablauf auf vereinfachte Art grafisch darzustellen. Jedes Element steht für eine bestimmte Funktion und beschreibt einen Verarbeitungsschritt. Die Elemente werden mit Pfeilen verbunden, die die Ablaufrichtung markieren.

Dies ist in der DIN-Norm 66262 geregelt. Trotzdem sind gewisse Freiheiten in der Praxis üblich. Im Vordergrund steht die Vermittlung einer Idee (Programmablauf etc.) an einen anderen Personenkreis.

Die Symbole:

Anfang und Ende eines Flussdiagramms werden durch Ovale oder einen kleinen Kreis dargestellt.

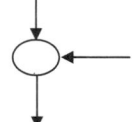

Dadurch haben alle Pfeile einen Start- oder Endpunkt und beginnen nicht im freien Raum.

Auch Zusammenführungen verschiedener Arbeitsrichtungen werden mit einem Kreis beschrieben. Diese werden aber auch gerne weggelassen, da sich dadurch das Zeichnen ohne passende Software erheblich vereinfacht.

Zusammenführung:

Anweisungen werden in kleine Kästchen geschrieben, wobei nur die entscheidenden Anweisungen erwähnt werden. Es wird meist kein Quellcode geschrieben.

Anweisungen:

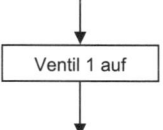

Eins der wichtigsten Symbole ist ein Salmi, das für Entscheidungen steht. An diesen Stellen findet im Programm eine Verzweigung statt. Dieser Entscheidung liegt in der Regel eine *Wahr-* oder *Falsch*-Logik zugrunde. Natürlich gibt es auch andere Abfragen, z. B. *größer als* (>), *gleich* (=) und vieles mehr. Was es aber nicht gibt, ist die Abfrage *vielleicht*. Ein Controller kennt nur ja oder nein.

Eine Entscheidung hat einen eingehenden Pfeil und zwei weiterführende Pfeile. Ein Pfeil steht für die Antwort *JA* und wird meist nach unten weitergeführt. Dieser Weg wird eingeschlagen, wenn die Bedingung der Entscheidung *WAHR* ist. Die Antwort *NEIN* verzweigt meist nach rechts. Ein Flussdiagramm ist meist so aufgebaut, dass die Hauptarbeitsrichtung von oben nach unten ist. Warte- und Zählschleifen liegen meist parallel. Ist die häufigste Antwort in einer Entscheidung ein *NEIN*, und würde das *JA* ein Warten auf das *NEIN* bedeuten, würde man es umgekehrt zeichnen: *NEIN* nach unten und *JA* zur Seite. Auch können beide weiterführenden Pfeile zur Seite verzweigen. Im Vordergrund sollte die Lesbarkeit des Diagramms stehen.

Entscheidungen: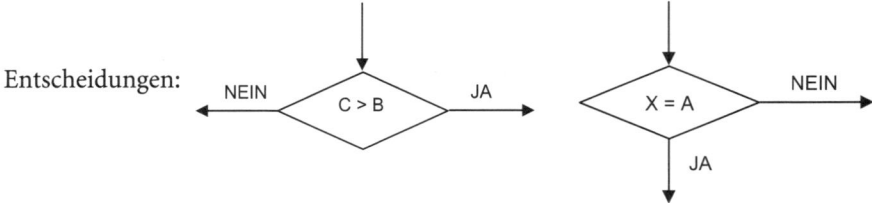

Ferner gibt es ein Symbol, das eine Sequenz oder einen definierten Prozess darstellt. Man kann es als „Unterprogramm" bezeichnen, das in einen Block zusammengefasst wurde, da es häufiger verwendet wird oder selbst schon in einem eigenen Flussdiagramm dargestellt wurde. Manchmal ist es auch nur von geringer Bedeutung für den eigentlichen Prozess, wie z. B. eine Zeitschleife. Sie wird in vielen Programmen benötigt. Wie sie aber im Detail gelöst wird, ist meist für den Prozess, der mit dem Flussdiagramm beschrieben werden soll, nicht von Bedeutung.

Sequenz: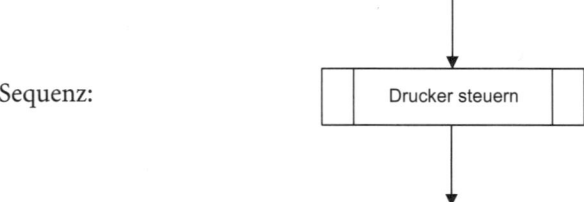

Es gibt zwar eine Norm, in der die Symbolik beschrieben wird, aber man wird in vielen Büchern und Veröffentlichungen Abweichungen dazu finden. Wenn man selbst sein eigenes Projekt erst einmal in ein Flussdiagramm bringt, sollte man versuchen, sich den Prozess mit Symbolen grafisch verständlich zu machen. Es ist oft hilfreich, sich sein Problem einmal aufzuzeichnen.

7 Die Entwicklungsumgebung MPLAB

Manchem stellt sich vielleicht die Frage: Womit und wie schreibe ich Programme für die PIC-Mikrocontroller? Und wie überspiele ich diese in einen Controller? Auch wer bereits mit MPLAB vertraut ist, findet vielleicht im Folgenden trotzdem noch die eine oder andere Anregung.

MPLAB IDE ist ein kostenloses Entwicklungs-Tool von Microchip und steht zurzeit in der Version 8.x zur Verfügung. Wer im Internet sucht, wird eine Menge anderer Programmier-Tools zu PIC-Controllern finden. Diese beschränken sich aber häufig auf einige wenige PIC-Controller und andere Programmiergeräte. Darauf wird hier nicht weiter eingegangen. Jeder muss selbst abwägen, was für ihn das Beste ist.

MPLAB bietet den Vorteil, dass es direkt vom Hersteller Microchip kommt und kostenlos ist. So ist die Software immer an alle Funktionen und die neusten Controllertypen angepasst. Es entsteht keine Abhängigkeit von einem dritten Anbieter, der vielleicht kein Interesse daran hat, diesen Controller oder bestimmte Funktionen zu unterstützen. Sollte man später auf den Geschmack kommen, mit anderen PIC- oder den großen Controllern zu arbeiten, kann man ohne Softwarewechsel und auf den gelernten Grundlagen aufbauend weiterarbeiten. Auch arbeiten die meisten C-Compiler anderer Anbieter problemlos mit MPLAB zusammen. Selbstverständlich werden alle Programmer von Microchip auch von MPLAB unterstützt, sodass das Überspielen der Programme in die Controller sehr einfach ist. Auch wird die Firmware der Programmer ständig aktualisiert. Selbst die Kosten sind noch vertretbar. So kostet das PICkit1, mit dem hier im Buch als Brenner gearbeitet wird, um die 30 €, wenn man es alleine erwirbt. Das gesamte rf-PICkit, mit zwei Sendern und Empfängern inklusive eines PICkit1, kostet ca. 120 €. Am leichtesten erhält man das rf-PICkit bei *Microchip direct*, auf der Shop-Seite von Microchip. Es ist dort unter der Artikelnummer DV164102 zu finden. Aber einige Großhändler haben es im Programm. Diese liefern aber leider, im Gegensatz zu Microchip, selten an Privatpersonen.

Ein Nachteil hat das Ganze jedoch auch: Wie alle Dokumentationen in der Elektronik ist auch die mitgelieferte Software nur in Englisch erhältlich. Wer sich aber tiefer in die Welt von Mikrocontrollern einarbeiten möchte, kommt um diese Sprache nicht herum. Spätestens die Datenblätter aller Hersteller sind in Englisch verfasst.

Am leichtesten findet man die aktuelle Version von MPLAB mithilfe der *Suche* auf http://www.microchip.com. Als Suchwort gibt man die Produkt-ID *DV003001* ein oder sucht unter der Rubrik *development tools*.

Man muss aber nicht zwingend jede neue Version installieren. Manchmal werden auch nur neue Controller eingebunden. Welche Änderungen durch die neue Version erfolgen, findet man im Download-Bereich von MPLAB. Für das Arbeiten mit dem Buch ist eine Version ab 7.6 ausreichend. Mit älteren Versionen sind die Programme nicht getestet worden, sie sollten aber dennoch funktionieren. Die Version 7.61 von MPLAB befindet sich im Ordner *Software* auf der CD zum Buch.

Mit jeder modernen Software muss man sich erst eine Weile beschäftigen, um alle Funktionen zu erfassen. Man muss noch nicht jede Funktion der Software kennen – schon gar nicht in der ersten Zeit. Es verhält sich ähnlich wie bei Textverarbeitungsprogrammen: Sie können viel, aber erst, wenn man mehr damit arbeitet, lernt man die Funktionen zu nutzen und zu schätzen. MPLAB unterstützt, neben der Quellcode-Entwicklung für Assembler in einem eigenen Editor, das Brennen von Controllern und die Simulation vom Quellcode. Dies ist eine interessante Funktion, wobei man dabei aber darauf achten muss, ob das simuliert wird, was man simulieren möchte. Hier benötigt man schon etwas Übung beim Umgang mit der Software.

7.1 Arbeiten mit MPLAB

MPLAB® IDE, so der volle Name der Entwicklungssoftware, wird, wie jede andere Software, nach dem Entpacken über das Starten von *Setup* installiert.

Wichtig: Beim Arbeiten mit dem PICkit1 ist mindestens Windows 98SE zur Unterstützung der USB-Schnittstelle erforderlich. Ein Treiber dafür wird mitgeliefert. Für alle anderen Windows-Versionen wird kein Extratreiber benötigt. Ansonsten müssen keine besonderen Einstellungen erfolgen, wenn man die Komplettinstallation wählt. Möchte man mit einem anderen Brenner arbeiten, muss dieser eventuell zusätzlich installiert werden. Als Installationslaufwerk auf dem PC sollte C:\ mit dem von MPLAB vorgeschlagenen Verzeichnissen benutzt werden, sonst müssen eventuell zusätzliche Einstellungen in MPLAB getroffen werden. Auf diese soll hier nicht eingegangen werden. Alle weiteren Einstellungen (z. B. Dateinamen) können aber frei gewählt werden. Nur die Dateiendungen sind bindend. Für die Pfadtiefe gibt es eine Einschränkung: Dateiname und Verzeichnisstruktur dürfen nicht mehr als 62 Zeichen umfassen. Dies ist kürzer, als man denkt! Längere Pfade führen zu der Fehlermeldung ERROR[173]. In dem Fenster *Output* mit der Registerkarte *Build* lautet die Fehlermeldung dann:
Error[173] X:\Pfadangabe... 1424 : Source file path exceeds 62 characters

Startet man MPLAB, erhält man die zwei Fenster *Output* und *Untitled Workspace*.

Im Fenster *Output* werden alle Informationen von MPLAB an den Benutzer ausgegeben. In dem zweiten sich öffnenden Fenster namens *Untitled Workspace*, finden keine Aktionen statt. Als Erstes kann man, um mit MPLAB zu üben, alle Controller mit der gewünschten Firmware brennen. Das hört sich sehr einfach an aber ...

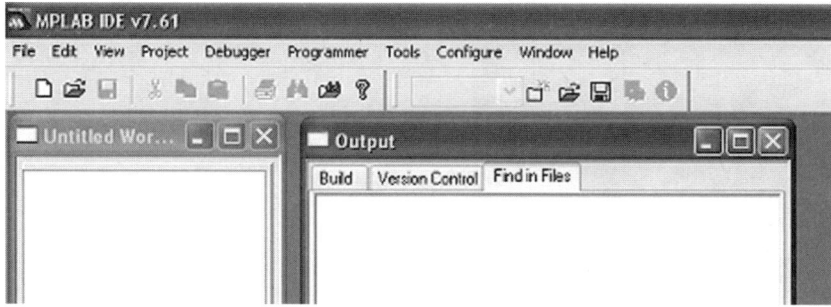

Abb. 7.1: Startfenster von MPLAB

Vor dem Laden des HEX-Files muss das PICkit1 als Programmer aktiviert werden. Das PICkit1 kann in MPLAB aber nur als Programmer ausgewählt werden, wenn ein passender Controller unter *Configure -> Select Device* gewählt wurde. So muss dies eventuell noch vorher erfolgen.

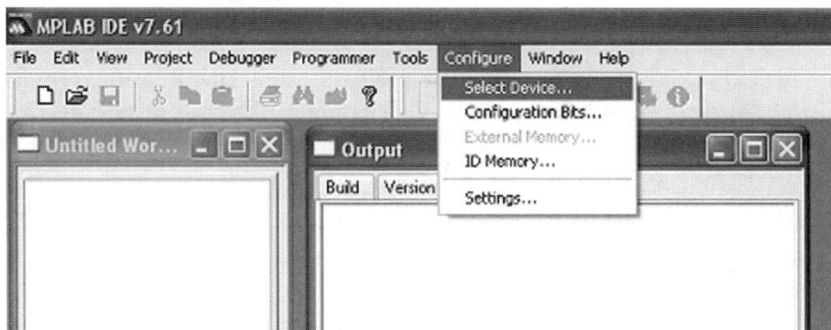

Abb. 7.2: Auswählen eines Controllers

In der *Device Liste* sind alle aktuellen Controller aufgeführt. Bei der Auswahl des Controllers wird dem Benutzer angezeigt, von welchen Programmern und Tools der Controller unterstützt wird.

Wählt man, wie im Bild 7.3 dargestellt, den PIC16F676, ist in der Rubrik *Programmers* der Punkt vor dem PICkit1 grün. Das bedeutet, dass der Controller mithilfe des Kits gebrannt werden kann. Wählt man nun den rfPIC12F675x am Ende dieser Liste aus, erlebt man eine kleine Überraschung: MPLAB deutet an, dass der Controller von dem PICkit1 nicht unterstützt wird. Das ist eigentlich auch richtig, da der Controller von sich aus mechanisch nicht zu dem Sockel in dem PICkit1 passt.

Dieses Problem lässt sich aber leicht umgehen: Anstatt eines rfPIC12F675x wählt man einfach den normalen PIC12F675 in der Liste aus und MPLAB unterstützt den gewählten Controller auch in Verbindung mit dem PICkit1.

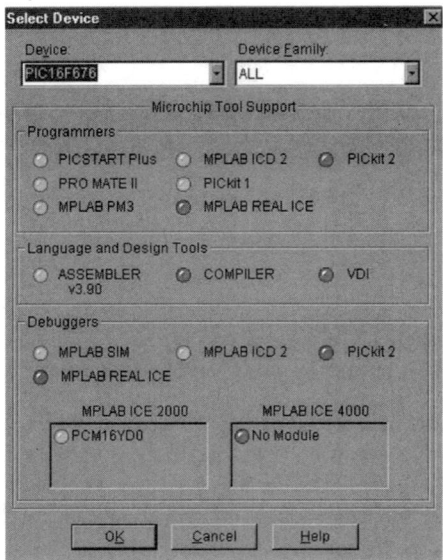

Abb. 7.3: Auswahl des Controllers

Die Auswahl des PICkits1 als Programmer erfolgt als Nächstes in der Rubrik *Programmer -> Select Programmer*. Ist kein durch das PICkit1 unterstützter Controller als Device ausgewählt, wird das PICkit1 hellgrau dargestellt und lässt sich nicht anwählen.

Ist bei der Aktivierung des PICkits1 kein Controller entsprechend der Device-Auswahl im Sockel des PICkit1 installiert, erscheint im Fenster *OUTPUT* die Meldung: *PICkit's device does not match the device selected*. Dies ist der Hinweis, dass noch kein oder ein anderer Typ von Controller im Sockel ist.

Setzt man einen entsprechenden Controller in die IC-Fassung und aktualisiert das Fenster mit *Programmer -> Connect*, erscheint nur noch die aktuelle Firmware-Version, wie zum Beispiel *Firmware Version 2.0.2*. Erscheint die Meldung *Cannot write to device*, ist möglicherweise das PICkit1 noch nicht an der USB-Schnittstelle angeschlossen oder die Verbindung gestört.

Um nun einen Controller mit einem vorhandenen HEX-File zu programmieren, ist es erforderlich, das gewünschte HEX-File in MPLAB zu importieren. Diese Funktion findet man unter der Überschrift: *File -> Import...* Hier erscheint dann das aus Windows bekannte Fenster zur Dateisuche. Um das Ganze einmal zu probieren, kann man die Demoprogramme einmal neu laden. Man findet sie auf der CD zum kit im Verzeichnis *Demonstration Programs* Sender oder Empfänger.

Danach öffnet man erneut die Rubrik *Programmer* und wählt *Program Device*. Nun wird der Controller gebrannt. Unten links in MPLAB läuft dabei ein kleiner blauer Balken *Programming*. Wenn dieser Balken erlischt und im OUTPUT-Fenster die Meldung *Program succeeded* erscheint, ist das Brennen des Controllers erfolgreich beendet.

Im Prinzip ist das Brennen eines PIC-Mikrocontrollers also sehr einfach. Voraussetzung dafür ist lediglich eine Brennersoftware mit einem passenden Brenner. Ferner sollte beides zu dem gewählten Controller passen. Um zu üben, kann man dies je einmal mit dem PIC16F676 und dem rfPIC12F675x durchführen.

Fast genauso einfach ist es, ein fertiges Programm in einen Controller zu übertragen. Es ist zuvor lediglich noch ein Schritt zum Übersetzen des Programms erforderlich. Um diesen Vorgang einmal durchzuspielen, befindet sich auf der *CD zum Buch* ein kleines Beispielprogramm mit dem Namen *Blink.asm*, das für einen Controller vom Typ PIC16F676 geschrieben ist. Es ist aber auch ohne Änderungen auf einem PIC16F684 einsetzbar, erscheint bei dem Übersetzen die Message: *[301] Processor-header file mismath*. Das bedeutet lediglich, dass der Compiler erkannt hat, dass der Header-File im Programm nicht zum ausgewählten Device passt. Diese Meldung kann hier aber unbeachtet bleiben.

Der PIC16F676 oder PIC16F684 muss selbstverständlich unter *Select Divice* als Erstes ausgewählt werden. Danach muss man die Datei von der Buch-CD auf die Festplatte kopieren, sonst führt es zu einer anderen Fehlermeldung des Compilers: *nicht genügend Speicher*. Dies liegt daran, dass der Compiler nicht in der Lage ist, auf eine CD zu schreiben. MPLAB wird beim Kompilieren vier weitere Dateien in dem Verzeichnis erzeugen, in dem sich die zu übersetzende Datei befindet.

Nach dem Kopieren der Datei auf die Festplatte öffnet man die kopierte Datei an dem neuen Ort mit *File -> Open* oder dem Symbol ⌸.

Da das Beispiel ohne Änderungen lauffähig ist, brauchen keine Eingaben in dem Quellcode erfolgen. Was das Beispielprogramm bewirkt, ist im Kopf des Programms

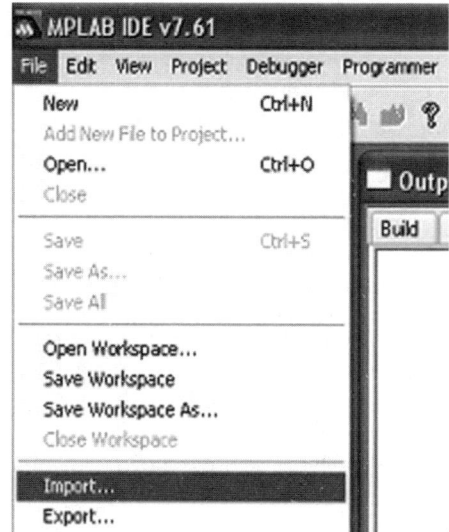

Abb. 7.4: Importieren eines HEX-Files

kurz beschrieben. Es blinken die Leuchtdioden D0 und D1 abwechselnd in einem festen Takt.

Um den Quellcode nun in Maschinensprache zu übersetzen, wird in der Rubrik *Project* die Option *Quickbuild Blink.asm* gewählt. Sollte dort aber statt *Blink.asm (no.asm file)* stehen, ist das Fenster *Blink.asm* nicht aktiv. Dann muss einmal in das Fenster mit dem Programmcode geklickt werden, um es zu aktivieren.

Abb. 7.5: Quickbuild

Nach dem erfolgreichen Kompilieren des Quellcodes sollte das Fenster *Output* wieder im Vordergrund aktiv sein. Sind keine weiteren Fehler aufgetreten, stehen in der letzten Zeile *BUILD SUCCEEDED* sowie das aktuelle Datum und die Uhrzeit. Dann kann der Controller mit den so erzeugten Daten gebrannt werden.

Sollte wider Erwarten eine Meldung über nicht genügenden Arbeitsspeicher aufgetreten sein, hat man vermutlich die Datei nicht kopiert oder die Festplatte ist wirklich sehr voll.

Nun ist das Programm übersetzt und kann mit *Programmer -> Program Device* im nächsten Schritt in den Controller übertragen werden. Sollte aus irgendwelchen Gründen das ursprünglich geladene Demoprogramm bis jetzt nicht funktioniert haben, kann man mit dem kleinen Programm *Blink.asm* den Controller auf dem PICkit1 testen.

Beim Schreiben eigener Programme schleichen sich schon mal Fehler in den Code ein, worauf der Compiler mit einer Meldung antwortet. Um diesen Fehler schnell im Programm finden zu können, kann man einen Doppelklick auf die Warnung oder den Error Meldung machen. Der Cursor springt dann in MPLAB an die Stelle, wo der Compiler meint, einen Fehler gefunden zu haben.

Alle sonstigen an Windows angelehnten Funktionen von MPLAB wie *speichern, verschieben* etc. sind an die Windows-Welt angepasst und entsprechen dieser weitgehend. Einige Einstellungen davon kann man auch leicht verändern. Was jedoch nicht standardmäßig zum gleichen Effekt führt, ist ein Doppelklick auf ein Wort in der Editorzeile, um es zu markieren und dann z. B. zu verschieben. Durch einen Doppelklick in eine Zeile wird ein Breakpoint für den Simulator gesetzt. Durch einen erneuten Doppelklick hebt man diesen Breakpoint wieder auf. Aber auch dies kann man, wenn man wünscht, in den Einstellungen unter *Properties* ändern.

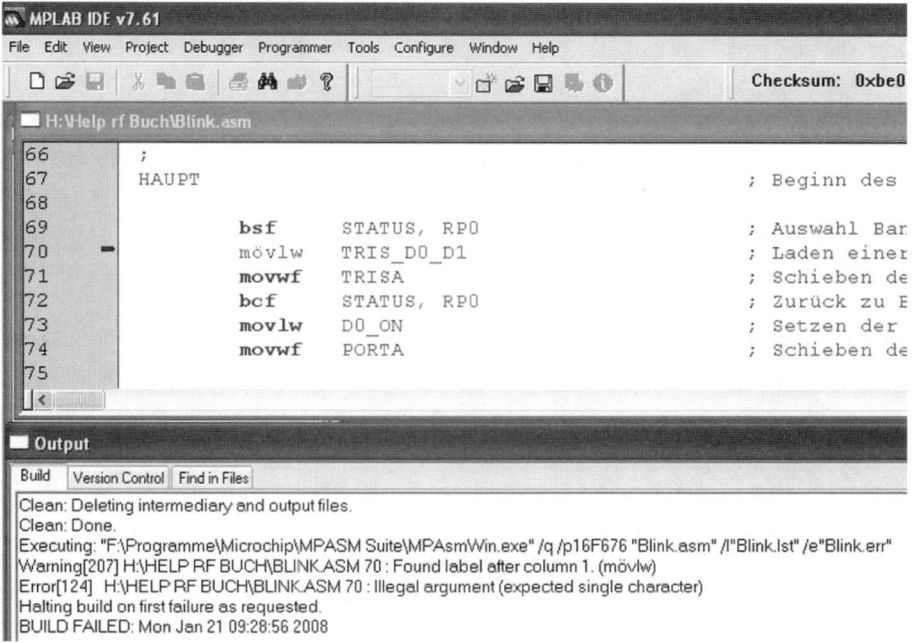

Abb. 7.6: Fehlermeldung nach dem Übersetzen

7.2 Der Editor von MPLAB

Wenn man sich das Beispiel *Blink.asm* im Editor anschaut, sieht man, dass die Schrift in verschiedenen Farben erscheint. Dies markiert verschiedene Arten von Texten. Die Zuordnung der Farben kann man durch einen Rechtsklick in das Fenster unter der Option *Properties* frei verändern. Alle Erklärungen im Buch beziehen sich aber auf die Grundeinstellung der Farben.

Grün wird die Schrift hinter einem Semikolon. Bei dieser Art von Text handelt es sich um einen Kommentar des Programmierers. Dieser Teil hat keinen Einfluss auf das eigentliche Programm. Er wird lediglich zur Erläuterung des Programms benutzt und nicht übersetzt.

Tipp: Möchte man einmal eine Programmzeile deaktivieren, ohne sie gleich zu löschen, reicht es aus, am Anfang der Zeile ein Semikolon zu setzen. Dann wird diese Zeile als Kommentar behandelt und nicht vom Compiler übersetzt.

Texte in „Lila" sind Labels. Dabei handelt es sich um Wörter oder Abkürzungen für immer wiederkehrende Adressen oder Ausdrücke. Diese sind in der zu jedem Controller existierenden **.inc*-Datei, z. B. *p16F676.inc,* definiert. Als Beispiel nehme man nun *PORTA*. Diese Abkürzung steht für die I/Os des Controllers.

‚Dunkelblaue' und ‚fette' Schrift beschreibt reservierte Wörter. Meist handelt es sich um Abkürzungen, wie z. B. die 35 Befehle des PIC-Assemblers. Diese dürfen nicht für andere Dinge benutzt werden. Ferner gibt es noch für jede Zahlenart eine Farbe.

B'xxxxxxxx'   hinter dem „B" wird eine achtstellige binäre Zahl erwartet
H'xxxx'   hinter dem „H" wird eine vierstellige hexadezimale Zahl erwartet
D'xxx'   dezimal – es wird eine 1- bis 3-stellige Zahl von 0-255 erwartet

Wer sich das gerne nach seinen Vorstellungen anpassen möchte, erreicht die Einstellungen mit einem Rechtsklick in das Editorfenster. In der erscheinenden Liste steht dann an letzter Stelle *Properties*.
Was bei Fehlermeldungen des Compilers hilfreich ist, sind die *Line Numbers*. Diese können unter *ASM File Types* aktiviert werden.

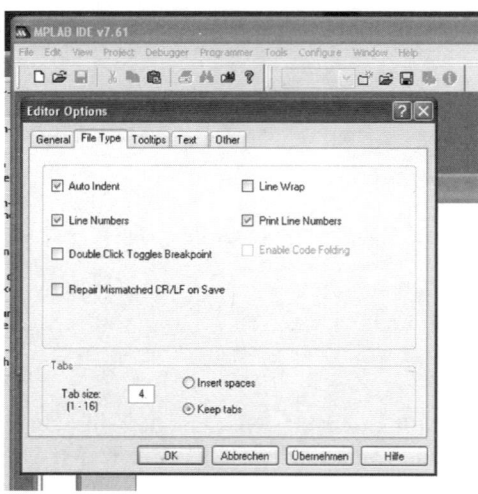

Abb. 7.7: Line Numbers

Wer sich hier ausprobieren möchte, kann dies ruhig tun. Ist das Ergebnis der Farbwahl am Ende vielleicht doch eher unbefriedigend, gibt es die Option *Default Colors*. Diese setzt dann alle veränderten Werte wieder zurück in die Grundstellung, auf die sich alle Erklärungen in diesem Buch beziehen.

8 Das Beispielprogramm im Sender

Das Programm für den Sender ist – wie sollte es auch anders sein – für den rfPIC12F675x geschrieben. Wie bereits beschrieben, wählt man den Controller unter *Select Devices* aus. Lässt sich nun das PICkit1 nicht mehr als Programmer auswählen, hat man etwas vergessen. Es funktioniert nur, wenn man den PIC12F675 als Device auswählt.

Wer auch unterwegs lesen möchte, sollte sich den Quellcode einmal ausdrucken. Dann kann man ihn auch gleich um die eigenen Notizen erweitern. Alternativ kann man das Programm auch mit MPLAB auf dem PC betrachten und dabei um seine eigenen Kommentare erweitern.

Das Programm *xmit_demo.asm* ist in der Lage, 4 x 8 Bit (4 Byte) zu übertragen. In diesem Programm kann man schnell die angesprochene Werkzeugtechnik wiederfinden. Wenn man das Programm in einzelne Teile zerlegt, lässt sich gut eine Struktur erkennen, die man grafisch vereinfacht wie in dem folgenden Bild darstellen kann:

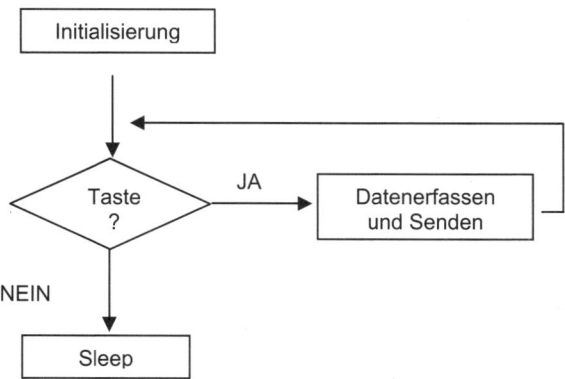

Abb. 8.1: Vereinfachter Ablauf des Senderprogramms

Als Erstes kommt die Initialisierung des PICs. Sie ist unabhängig vom Hersteller bei jedem Mikrocontroller erforderlich. Die Eigenschaften des Mikrocontrollers werden dabei festgelegt. Hier wird unter anderem definiert, welcher Pin ein Eingang oder Ausgang sein soll, mit welchem Pin ein analoges Signal verarbeitet werden kann und so manches mehr. Ein Ändern dieser Einstellungen ist auch im Betrieb jederzeit möglich, was in vielen Anwendungen erforderlich ist. In diesem Beispiel wird der aktive Analogeingang, je nach Tastenbetätigung, umgeschaltet.

	File Address		File Address
Indirect addr.[1]	00h	Indirect addr.[1]	80h
TMR0	01h	OPTION_REG	81h
PCL	02h	PCL	82h
STATUS	03h	STATUS	83h
FSR	04h	FSR	84h
GPIO	05h	TRISIO	85h
	06h		86h
	07h		87h
	08h		88h
	09h		89h
PCLATH	0Ah	PCLATH	8Ah
INTCON	0Bh	INTCON	8Bh
PIR1	0Ch	PIE1	8Ch
	0Dh		8Dh
TMR1L	0Eh	PCON	8Eh
TMR1H	0Fh		8Fh
T1CON	10h	OSCCAL	90h
	11h		91h
	12h		92h
	13h		93h
	14h		94h
	15h	WPU	95h
	16h	IOC	96h
	17h		97h
	18h		98h
CMCON	19h	VRCON	99h
	1Ah	EEDATA	9Ah
	1Bh	EEADR	9Bh
	1Ch	EECON1	9Ch
	1Dh	EECON2[1]	9Dh
ADRESH	1Eh	ADRESL	9Eh
ADCON0	1Fh	ANSEL	9Fh
	20h		A0h
General Purpose Registers 64 Bytes		accesses 20h-5Fh	
	5Fh		DFh
	60h		E0h
	7Fh		FFh
Bank 0		Bank 1	

☐ Unimplemented data memory locations, read as '0'.
1: Not a physical register.

Abb. 8.2: Bänke im PIC

Ein weiteres Thema, das eng mit der Konfiguration der PIC-Controller verbunden ist, ist die Bankauswahl. Nicht jedes Register kann in den PIC-Controllern direkt angesprochen werden. Es muss erst der Bereich gewählt werden, in dem sich das Register befindet. Dazu ist es notwendig, im Statusregister das bank-selection-Bit entsprechend zu setzen. Dieses Bit findet man im Statusregister auf der Position 5.

Um Änderungen in den Registern aus der Liste im Bild 8.2 auf der vorigen Seite vornehmen zu können, muss das Bit gesetzt sein. Dies erreicht man am einfachsten mit dem Befehl:

```
bsf STATUS, RP0 ; ---- Auswahl Bank 1 -----
```

Ein Zurücksetzen des Bits ist ebenso leicht:

```
bcf STATUS, RP0 ; ---- Auswahl Bank 0 -----
```

Bei größeren Controllern mit mehr Speicher gibt es auch mehr als ein Bit dieser Art und man kann zwischen mehreren Banken wählen.

Weitere Beispiele zur Konfiguration eines PIC12F675 findet man im ersten Buch *PICs für Einsteiger*. Das Demoprogramm ist in diesem Bereich sehr ausführlich dokumentiert. Zu jeder Definition einer Konfiguration findet man eine kurze Erklärung und den Verweis auf das Kapitel des Datenblatts, in dem das Thema genauer erklärt wird. Spezielle Einstellungen und Lösungen, die für die Programme von Bedeutung sind, werden auch in den folgenden Beispielen angesprochen und gezielt vorgestellt.

8.1 Konfiguration interrupt on change

Das eigentliche Programm ist, wie man in dem Ablaufbild sieht, eine kleine Schleife, die der Controller nur zum Schlafen verlassen darf. Anders herum betrachtet: Der Controller schläft ständig und wird nur geweckt, um einmal kurz die betätigte Taste und den dazugehörenden Analogwert zu erfassen und anschließend zu senden. Auf den Alltag übertragen, entspricht es einem Arbeiter, der jeden Tag zur Arbeit und abends schlafen geht. Um morgens aus dem Bett zu kommen, benötigt er eine Hilfe, z. B. einen Wecker. In unserem Fall also einen *Interrupt*.

Bei unserem Controller ist es nicht anders. Auch er wacht nur wieder auf, wenn der „Wecker klingelt". In diesem Fall ist der Wecker ein *interrupt on change*.

```
; Interrupt-on-Change Register (IOCB) (Kapitel 3.2.2)

;Jeder Eingangspin kann individuell mit der Möglichkeit, einen Interrupt
;on change auszulösen belegt werden. Eine „1" im Register IOCB an der Stelle
```

```
;des Pins schaltet die Funktion für den entsprechenden Eingang aktiv.
;Zum Beschreiben des Registers IOCB muss in die Bank 1 gewechselt werden.
;Wichtig: Für den Betrieb müssen Globale Interrupts erlaubt sein!

  bsf STATUS, RP0        ; ---- Auswahl Bank 1 -----

; GPIO Pins = xx543210   ; mögliche Eingänge
  movlw  b'00011000'     ; erlaube Interrupt-on-change für: GPIO3 & 4
  movwf  IOCB            ; schiebe die Definition ins Register IOCB

  bcf STATUS, RP0        ; ---- Auswahl Bank 0 -----
```

Abb. 8.3: Konfiguration interrupt on change

Diese Möglichkeit, einen Controller zu wecken, wird im Konfigurationsbereich definiert. Wenn man also einen Controller mit dem SLEEP-Befehl schlafen schickt, darf man nicht vergessen, auch einen Interrupt (Wecker) zu definieren, der ihn irgendwann wieder weckt. Sonst weckt ihn nur ein Reset wieder aus dem Schlaf, z. B. durch das Aus- und wieder Einschalten der Betriebsspannung.

Der Controller geht im Sleep-Modus schlafen. Der kleine PIC 12F675 stellt im Sleep-Modus fast jegliche Aktivität ein. Bei komplexeren Controllern besteht hier auch eine Möglichkeit der Konfiguration, welche Aktivitäten im Sleep-Modus noch ausgeführt werden sollen. Dadurch kann vor allem der Energieverbrauch des Controllers auf ein absolutes Minimum heruntergefahren werden, wodurch sich der Energieverbrauch insgesamt meist erheblich verringern lässt. Dies ist bei Batterieanwendungen besonders wichtig, wie etwa bei Fernbedienungen oder dem vorliegenden rf-Board.

In vielen Anwendungen ist es dabei auch meist nicht erforderlich, dass der Controller Daten an die Zentrale überträgt, wenn nichts passiert. Es muss ja nicht die ganze Zeit die letzte Programmauswahl zum TV übertragen werden. Es reicht die Zeit aus, bis die Zentrale – z. B. das TV-Gerät – reagiert hat, wie es der Anwender wünscht.

Wie funktioniert nun das „Wecken" eines Controllers mit einem *Interrupt on change*? Die Definition für den PIC12F675 und die meisten kleinen anderen Controller ist so, dass bei jeder Art von Interrupt an die Adresse *ORG 0x004* gesprungen wird. An dieser Adresse hat dann die sogenannte IRS (Interrupt Service Routine) zu beginnen.

8.2 IRS (Interrupt Service Routine) des Senders

Im prinzipiellen Aufbau einer ISR wird zuerst der aktuelle Zustand des Controllers gerettet. Dazu werden das *STATUS*- und das *W*-Register in zwei Hilfsvariablen zwischengespeichert. Im mittleren Abschnitt, der dem eigentlichen ISR-Teil entspricht, wird die Quelle ermittelt, durch die der Interrupt ausgelöst wurde. Danach werden die Register zurückgeschrieben und der Controller springt wieder an den Punkt zurück,

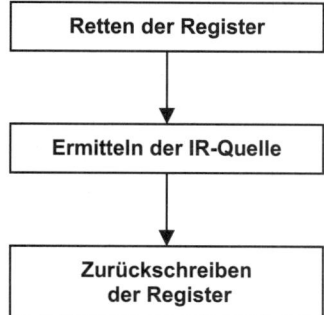

Abb. 8.4: Struktur der ISR

an dem er sich vor dem Interrupt befand. Im aktuellen Fall ist es das Bit *GPIF*, das für den *Interrupt on change* steht. Dies wird gesetzt und löst den Interrupt im Controller aus, wenn eine Eingangsänderung an den Pins 3 oder 4 erfolgt ist. Um dieses Bit *GPIF* zurücksetzen zu können, muss vorher ein Lese- oder Schreibbefehl auf den dazu gehörenden Port erfolgen. Das würde in diesem Fall folgendermaßen aussehen:

```
                      ; Teil der ISR
movfw   GPIO          ; lese GPIO
bcf     INTCON, GPIF  ; lösche Bit GPIF
```

Da in diesem Programm der Controller nur durch den Interrupt geweckt werden soll, erfolgt hier keine weitere Auswertung der IRQ-Quelle. Welche Taste den Controller geweckt hat, wird in dem Beispiel erst im Hauptprogramm ermittelt. Sonst müsste eventuell noch ein Merker gesetzt werden, was geschehen ist.

Hier nun die gesamte IRS des Senders:

```
; Beginn der Interrupt Service Routine (ISR)


                      ; Retten der Register
ORG 0x004             ; Interrupt Startadresse
movwf  w_temp         ; Sichern des W-Registers
swapf  STATUS, W      ; swap status to be saved into W
bcf STATUS, RP0       ; ---- Select Bank 0 -----
movwf  status_temp    ; Sichern des STATUS-Registers
;-------------------------------------------------------------
; Eigentlicher Teil der ISR

movfw GPIO            ; Lese GPIO
bcf INTCON, GPIF      ; Lösche Bit GPIF


;-------------------------------------------------------------
                      ; zurückschreiben der Register
swapf  status_temp, W ; swap status_temp into W, sets bank to original state
movwf  STATUS         ; Zurückschreiben des STATUS-Registers
```

```
swapf   w_temp, F
swapf   w_temp, W      ; Zurückschreiben des W-Registers

retfie                 ; Rücksprung aus der Interrupt Service Routine
```

Abb. 8.5: ISR-Interrupt-Service-Routine des Sendeprogramms

Als Grundsatz sollte gelten: Eine ISR sollte immer so kurz wie möglich gehalten sein. Dort sollte nur das Notwendigste abgearbeitet werden.

Soll der Interrupt nicht nur den Controller wecken, wird die ISR natürlich automatisch länger. Hier sollte man aber auch nur eine kurze Auswertung der Situation programmieren und diese mithilfe von Merkern an das Hauptprogramm übergeben. Nur zeitkritische Dinge handelt man sofort in der Interrupt-Service-Routine ab. Hierzu muss man die Aufgabenstellung einbeziehen.

Bei einer Fernbedienung soll der Tastendruck selbstverständlich auch sofort übertragen werden. In Anbetracht der menschlichen Wahrnehmung kann der Controller vorher durchaus noch 100 andere Befehle abarbeiten, bis er die Taste abfragt und das Ergebnis sendet. Bei einem Maschinenalarm hingegen, oder einer automatischen Regelung, kann es mit der benötigten Reaktionszeit schon ganz anders aussehen.

Vor allem die neueren und größeren Controller kennen in der Zwischenzeit verschiedene Interrupt-Level und eine Priorisierung von Interrupts. Das bedeutet, dass, je nach Interruptquelle, an eine andere Adresse gesprungen wird. Auch während eines Interrupts kann ein weiterer auftreten, der dem anderen vorgezogen wird, weil er vom Programmierer als wichtiger eingestuft wurde. Hier muss eine *Interrupt Service Routine* selbstverständlich ganz anders aufgebaut werden.

8.3 Das Hauptprogramm des Senders

Es wurde im Beispielprogramm bis jetzt die Initialisierung betrachtet, die für das „Wecken" des Controllers erforderlich ist, also um den Controller wieder aus dem Sleep-Modus herauszubekommen. Ferner gibt es im Demoprogramm noch zwei kleine Unterprogramme, die sich mit dem Lesen und Schreiben des EEProms im PIC12F675 befassen. Diese Unterprogramme gehören mit zum Baukastenprinzip. Man kann auf sie zurückgreifen, wenn es in einer anderen Anwendung einmal erforderlich sein sollte, aber sie werden in den Beispielen zum Buch nicht benutzt.

Alle anderen Programmteile werden hingegen für einen funktionierenden Betrieb des Demoprogramms benötigt. Die eigentlichen Aufgaben des Controllers – das Erfassen und Senden der Eingaben auf der kleinen Platine – sind ebenfalls in kleine Programmteile gegliedert.

Liest man das Demoprogramm einmal von oben nach unten, wird man erkennen, dass in der ersten Zeile nur die Programmstartadresse *ORG 0x000* definiert ist und sofort mit einem GOTO-Befehl zu einem Label mit dem Namen *INITALIZE* gesprungen wird. Es folgt die Adresse für die ISR *ORG 0x004* und dann kommen einige Unterprogramme. Diese Struktur sollte man eigentlich in jedem Programm in irgendeiner Art wiederfinden können. Jedes Assembler-Programm beginnt mit einem Sprung über den *Interrupt-Service-Routine*-Bereich.

Am Label *INITALIZE* beginnt dann in diesem Fall das eigentliche Hauptprogramm. Die Initialisierung wird meist nicht in einem Unterprogramm angelegt, da die Initialisierung nur einmal, zu Beginn des Betriebs, durchlaufen werden muss. Wer es aber als übersichtlicher empfindet, kann dies natürlich nach eigenem Geschmack organisieren.

Am Label *MAIN* beginnt dann das eigentliche Programm. Zwei Zeilen später, am Label *SCANPB*, beginnt die in der Programmstruktur vorgestellte Schleife.

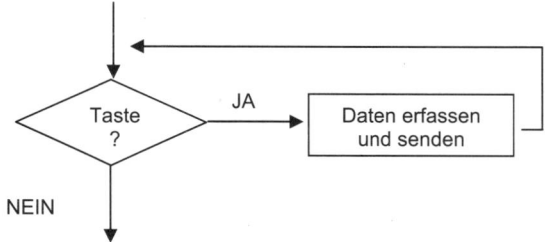

Abb. 8.6: Struktur des Programms SCANPB

Damit wird es für den Anwender interessant, denn ab dem Label *SCANPB* beginnt die Tastenabfrage und somit der eigentliche anwenderspezifische Programmteil des Senderprogramms. Möchte man durch kleine Änderungen eine andere Funktionalität erreichen, ist das der Programmteil, wo dies erfolgen muss.

Folgend der Programmteil der Tastenabfrage im Detail:

```
SCANPB

     movlw   0x00                      ; lade Null ins W-Register
     movwf   FuncBits                  ; Lösche das Function Bits register

     btfsc   PB3                       ; ist der Taster GP3 gedrückt?
     goto    SPB1
     movlw   0x23                      ; B'00100011' Funktion S0 gewählt
     iorwf   FuncBits, F
     call    READ_ANALOG_AN0           ; lese analog Kanal AN0
```

```
SPB1
  btfsc   PB4                  ; Taste GP4 gedrückt?
   goto   SPB2                 ; Nein, überspringe
  movlw   0x43                 ; Function S1 gewählt
  iorwf   FuncBits, F
   call   READ_ANALOG_AN1      ; lese analog Kanal AN1

SPB2
  movlw   0xFF
  andwf   FuncBits, W          ; War irgendeine Taste gedrückt?
  btfss   STATUS, Z
   goto   XMIT                 ; Ja, Übertrage den Buffer

    bcf   RFENA                ; Nein, abschalten des Transmitters
  sleep                        ; schicke den PIC schlafen
   goto   SCANPB               ; Upon wake-up on pin change, lese
                                 die Tasten
```

Abb. 8.7: Programmteil SCANPB

Die Beschreibung:

Es wird damit begonnen, das Register *FuncBits* auf den Wert *0* (Null) zu setzen. Danach wird getestet, ob die Taste am Eingang PB3 betätigt wurde. Diese Auswertung erfolgt über eine inverse Abfrage des Eingangspins, da ein Tastendruck am Eingang eine *0* (Null) liefert. Ist die Taste betätigt, wird sie über eine ODER-Verknüpfung in das Register *FuncBits* übertragen. Dieses Register fungiert als Merker, welche Taste betätigt wurde. Dies wird gemacht, da diese Information auch an die Zentrale übertragen werden soll und später noch einmal zur Verfügung stehen muss.

Das Gleiche gilt für die Auswertung der zweiten Taste. Die „3" im Hex-Wert der ODER-Verknüpfung ist Bestandteil der Seriennummer und wird auf diese Weise nur mit an die entsprechende Stelle ins Register geschrieben. Insgesamt können 4 x 8 Bits an Nutzdaten übertragen werden. Die Zusammensetzung der Daten wird später im Kapitel *Das Beispielprogramm im Empfänger* noch einmal genauer beschrieben. Vorab der schematische Aufbau des Daten-Streams.

```
;******************** Bedeutung der übertragenen Bits ********************
;
;bytes |  DATA1                    |           DATA0             |
;bits  | 7 | 6 | 5 | 4 | 3 | 2| 1| 0| 7| 6| 5| 4| 3| 2| 1| 0|
;desc. |S2 |S1 |S0 |S3 | 0 | 0|  SERIAL NUMBER 3| 2| 1| 0| 7| SERIAL...
;
;bytes |  DATA3                    |           DATA2             |
;bits  | 7| 6| 5| 4| 3| 2| 1| 0| 7| 6| 5| 4| 3| 2| 1| 0|
;desc. |  COUNTER                  |
;
```

Abb. 8.8: Bedeutung der übertragenen Bits

Welche Taste betätigt wurde, wird im Byte *Data1* an den Empfänger übertragen. Wie man aber sieht, sind auch die unteren zwei Bits noch Bestandteil einer möglichen Seriennummer.

Nach der Tastenauswertung wird entschieden, ob die ermittelten Daten gesendet werden sollen, oder ob der Controller wieder schlafen gehen kann. Diese Auswertung erfolgt ebenfalls über eine Maske. Dazu wird zuerst das W-Register mit 0xFF geladen. Das bedeutet, dass jetzt jedes Bit in dem Register gesetzt ist. Dieses wird im nächsten Schritt mit dem Merker *FuncBits* in einer UND-Verküpfung ausgewertet. Ist im Register *FuncBits* kein Bit gesetzt, ergibt die Verknüpfung 0 (Null). Ist das Ergebnis einer Operation 0 (Null), wird immer im Statusregister das sogenannte *ZERO-Bit* gesetzt. Mithilfe dieses Bits können die Ergebnisse von Maskenauswertungen oder Vergleichsoperationen erkannt werden.

Wurde eine Taste betätigt, wird das *ZERO Bit* nicht gesetzt. Es wird als Nächstes das Unterprogramm *XMIT* aufgerufen, da die Anweisung *btfss* ungültig ist und der nächste Befehl nicht übersprungen wird.

In der Funktion *XMIT* werden dann die gesammelten Daten zusammengestellt und an den Empfänger gesendet. Danach wird zur Tastenauswertung zurückgesprungen. Wurde keine Taste mehr erkannt, wird der Sender abgeschaltet und der Controller Schlafen geschickt, bis ihn eine erneut betätigte Taste durch einen Interrupt wieder weckt.

Das ist vom Grundgedanken her das eigentliche Anwenderprogramm, das die zu übermittelnden Daten erfasst. Möchte man nun andere Daten erfassen oder die Art und Weise der Erfassung ändern, sind nur in diesem Teil Programmänderungen zu machen.

Dieser Programmteil ist für sich betrachtet recht kurz, einfach gehalten und sicher auch für Einsteiger mit wenigen Grundkenntnissen noch verständlich. Wer beim Arbeiten mit Masken zum Erkennen einer betätigten Taste noch Probleme hat, sollte sich die im Programm benutzten Abkürzungen mit den dazugehörenden Werten in die binäre Form umrechnen und übereinander aufzeichnen. Das erleichtert das Verständnis.

Hier als Beispiel:

```
movlw 0b11111111          ; 0xFF für FuncBits
andwf 0b00100011          ; 0x23 Taste PB3 war gedrückt
 btfss   STATUS, Z
 goto    XMIT
```

Da das Ergebnis nicht 0 (Null) ist, wird das *Zero-Bit* nicht gesetzt und der nächste Befehl auch nicht übersprungen. Natürlich kann man diese Auswertung auch auf andere Art lösen. Dies hier ist nur ein möglicher Weg, die Tasten zu erkennen.

Das gleiche Prinzip wird angewendet, um das zur Taste gehörenden Poti mit dem dazugehörenden Analogwert auszulesen. Dazu wird immer das entsprechende Unterprogramm *READ_ANALOG_ANx* aufgerufen.

8.4 Lesen der Analogwerte

Ein Teil der Datenerfassung besteht natürlich auch aus der Analogwerterfassung, die in einem eigenen Unterprogramm abgearbeitet wird. Es kann aufgrund der Tastenauswertung an zwei verschieden Positionen gestartet werden.

Die Struktur zur Auswertung der A/D-Kanäle ist assemblertypisch gelöst. Es gibt ein Unterprogramm *READ_ANALOG_AN0*, das noch eine zweite Einsprungstelle mit dem Label *READ_ANALOG_AN1* hat. Der Unterschied bei den Einsprungstellen ist lediglich der dadurch gewählte und aktivierte Analogkanal. Auf diese Weise kann das gleiche Unterprogramm für zwei verschiedene Analogkanäle benutzt werden, ohne dass ein Wert übergeben werden muss. Programmiert man solch eine Struktur in einer Hochsprache, muss man in der Regel mit einer Variablenübergabe arbeiten, in der der auszuwertende Analogkanal als Zahl in einer Variablen übergeben wird.

Hier nun das Unterprogramm für die Auswertung der A/D-Eingänge im Detail:

```
READ_ANALOG_AN0

    bcf     ADCON0, CHS1    ; Wähle analog channel AN0
    bcf     ADCON0, CHS0

    goto    READ_ANALOG

READ_ANALOG_AN1

    bcf     ADCON0, CHS1    ; Wähle analog channel AN1
    bsf     ADCON0, CHS0

READ_ANALOG

    bsf     ADCON0, ADON    ; Einschalten des ADC-Moduls

    ; Nach der Auswahl eines neuen A/D-Kanals muss auf eine ausreichend große
    ; Erholzeit geachtet werden - die Länge der Erholzeit hängt von der internen
    ; Kapazität ab. Mehr dazu im Kapitel 7.2.

    movlw   D'6'            ; Bei 4 MHz, eine 21-us-Pause
    movwf   TEMP            ; (21 us = 2 us + 6 * 3 us + 1 us)
    decfsz  TEMP, F
    goto    $-1
```

```
bsf      ADCON0, GO      ; Start A/D-Wandlung

btfsc    ADCON0, GO      ; Ist die A/D-Wandlung fertig?
goto     $-1

bcfADCON0, ADON          ; Abschalten des ADC-Moduls
                         ;Dies spart Batterieenergie

return                   ; Rücksprung aus dem Unterprogramm
```

Abb. 8.9: Die Unterprogramme READ_ANALOG_AN0 und READ_ANALOG_AN1

Was unbedingt beachtet werden muss ist, dass nach einem Wechsel des A/D-Kanals zwingend eine kleine Pause erfolgen muss, bevor eine erneute A/D-Wandlung gestartet wird. Für diese einzuhaltende Pause gibt es keine einheitliche Zeit. Sie ist für jeden Controllertyp verschieden und dabei auch noch temperaturabhängig. Ist es für die zu erstellende Anwendung wichtig, möglichst schnell zwischen den verschiedenen Analogkanälen hin und her zu schalten, findet man die Berechnung der Zeit in dem Kapitel *ACQUISITION TIME*. Bei dem PIC 12F675 ist es das Kapitel 7.2. Nach der dort vorgestellten Rechnung erhält man als kleinste Zeit den Wert 19,72 µSekunden.

$$
\begin{aligned}
T_{ACQ} &= \text{Amplifier Settling Time} + \\
        &\quad \text{Hold Capacitor Charging Time} + \\
        &\quad \text{Temperature Coefficient} \\
\\
        &= T_{AMP} + T_C + T_{COFF} \\
        &= 2\mu s + T_C + [(\text{Temperature -25°C})(0.05\mu s/°C)] \\
T_C   &= C_{HOLD} (R_{IC} + R_{SS} + R_S) \ln(1/2047) \\
        &= -120pF (1k\Omega + 7k\Omega + 10k\Omega) \ln(0.0004885) \\
        &= 16.47\mu s \\
T_{ACQ} &= 2\mu s + 16.47\mu s + [(50°C -25°C)(0.05\mu s/°C)] \\
        &= 19.72\mu s
\end{aligned}
$$

Abb. 8.10: Berechnung der ACQUISITION TIME beim rfPIC 12F675

Im Unterschied dazu beträgt diese Zeit für den PIC 16F684 laut Datenblatt im Minimum nur noch 7,67 µSekunden.

Bleiben wir aber beim PIC 12F675. Diese errechnete Zeit lässt sich nun leider nicht mit einem rfPIC12F675 und einer Betriebsfrequenz von 4 MHz erzeugen. Um aber bei der Kanalumschaltung immer auf der sicheren Seite zu sein, wählt man mindestens den nächstgrößeren möglichen Wert. Im Demoprogramm zum Sender wird von 22 µSekunden gesprochen. Wenn man die dazu vorgestellten Zahlenwerte aber, wie in der Formel vorgegeben, berechnet, kommt man nur auf 21 µSekunden. Dies ist aber für eine geforderte Zeit von mindestens 19,72 µSekunden noch ausreichend.

Um eine kleine Pause von 21 µSekunden zu erzeugen, kann die folgende Warteschleife benutzt werden:

```
        movlw D'6'              ; Bei 4 MHz, eine 21-µs-Pause
        movwf TEMP             ; (21 µs = 2 µs + 6 * 3 µs + 1 µs)
        decfsz TEMP, F         ; Dekrementiere TEMP um 1
        goto $-1               ; Springe eine Zeile zurück
```

Hierbei handelt es sich um eine kleine Zählschleife, die bis zur dezimalen Zahl 6 zählt.

21 µSekunden für die Schleife errechnen sich aus der Anzahl der Befehle und der Zeit, die der Controller für die Ausführung der Befehle benötigt. Dies errechnet sich wie folgt:

21 µs = 2 µs + 6 * 3 µs + 1 µs

Die ersten 2 µs ergeben sich aus dem Laden der Konstanten und der Variablen TEMP. Danach wird diese Variable 6 * dekrementiert, wobei der GOTO-Befehl immer zwei Zeiteinheiten benötigt. Die letzte 1 µSekunde wird für den Sprung über den GOTO-Befehl benötigt.

Benutzt man eine andere Betriebsfrequenz im Controller, erreicht man mit der Zählschleife einen anderen Zeitwert.

Interessant ist die Schreibweise hinter dem GOTO-Befehl: *$-1*. Hier handelt es sich um eine Compiler-Anweisung. Unabhängig von der Position im Speicher wird hier der Controller angewiesen, genau um eine Stelle im Programm zurückzuspringen. Alternativ kann statt der „Eins" (1) dort auch eine andere Zahl stehen, um die zurückgesprungen werden soll. Durch ein Pluszeichen anstelle des Minuszeichens besteht dann auch die Möglichkeit, um eine bestimmte Anzahl von Befehlszeilen vorwärtszuspringen.

Aber Vorsicht mit solchen absoluten Sprüngen! Man sollte schon genau wissen, wo man dann landet.

Hiermit sollte das Wesentliche des Demo-Sendeprogramms, bezogen auf den Anwenderteil, erklärt worden sein, um die grundlegenden Funktionen zu verstehen. Einige Erweiterungen und Details werden noch in den Anwendungsbeispielen folgen.

9 Das Beispielprogramm im Empfänger

Hier gilt das Gleiche wie bei dem Programm für den Sender: Auch wenn das Programm im MPLAB-Editor etwa 1.500 Zeilen lang ist, ist es nicht so kompliziert, wie es aussieht. Vieles sind nur Kommentare zum Programm oder Hinweise zur Konfiguration des Controllers.

Das Demoprogramm des Empfängers ist im Original für einen PIC 16F676 geschrieben worden, der dem rf-Kit beiliegt.

Folgend wird etwas weiter ausgeholt und mit der Definition der Variablen angefangen. Die Definitionen erleichtern vor allem das Lesen und Verstehen eines Assembler-Programms. Hinter einer Definition kann sich ein Register oder auch ein fester Zahlenwert verbergen, schlimmstenfalls aber auch eine Definition.

Beispiele:

Definition von Registern:

Der Befehl *cblock* weist den Compiler an, der folgenden „Liste von Namen" – man kann sie auch als „Zeichenkette" beschreiben (DATA0,1,2,3 ...) – Adressen mit der angebenden Startadresse zuzuweisen. Die Liste endet mit dem Befehl *endc*.
Hierbei handelt es sich um einen Compilerbefehl.

```
cblock 0x20
            DATA0                       ; 1st Byte der empfangenen Daten
            DATA1                       ; 2nd Byte der empfangenen Daten
            DATA2                       ; 3rd Byte der empfangenen Daten
            DATA3                       ; 4th Byte der empfangenen Daten
            .

            LEDREG  ; LED Array Register
endc
```

Eine weitere Möglichkeit einer Definition ist die Anweisung:

```
#define LED0ON b'00010000'
#define LED1ON b'00100000'
```

Hier wird mit *#define* der Zeichenfolge *LED0ON* der Wert *B'00010000'* zugewiesen (er wird gleichgesetzt). Natürlich kann man an jeder Stelle, an der man die Definition *LED0ON* benutzt, auch den Wert *B'00010000'* schreiben. Verwendet man, wie hier, einen beschreibenden Namen für den Zahlenwert, erhöht sich die Lesbarkeit eines Programms. In diesem Fall beschreibt *LED0ON* das erforderliche Bitmuster, das am Port des PIC anliegen muss, um die LED 0 einzuschalten.

In welcher Schreibweise (HEX, binär oder dezimal) die Zuweisung erfolgt, spielt keine Rolle. Bei diesen Zuweisungen kann man die Schreibweise wählen, die einem für den Zweck am sinnvollsten erscheinent.

Möchte man z. B. einzelne Bits an den Ports setzen, bietet sich die binäre Schreibweise an. So erkennt man gleich den gewählten Zustand an den Ausgängen. Wird der definierte Wert zum Rechnen benutzt und man arbeitet im Dezimalsystem, kann die dezimale Darstellung geeigneter sein.

Die Steigerung einer Definition ist deren Kombination. Ein Beispiel für eine Teildefinition zu einer Definition:

```
; LEDs
#define LED0 LEDREG, 0
#define LED1 LEDREG, 1
#define LED2 LEDREG, 2
```

Hier wird dem Begriff *LED0* gleich dem Registerbit *0* des Registers *LEDREG* gesetzt, wobei *LEDREG* in der ersten Definitionszuweisung eine Speicheradresse zugewiesen bekommen hat. Hier fragen sich jetzt vermutlich vor allem die Einsteiger, ob sich dadurch die Lesbarkeit eines Programms wirklich erhöht. Häufig vereinfacht man sich mit solchen Definitionen aber die Schreibarbeit und erleichtert sich auch eventuelle Anpassungen eines Assembler-Programms von einem Controllertypen auf einen anderen. Vor allem aber ist es eine Frage der Gewohnheit, mit solchen definierten Werten und Variablen zu arbeiten.

In dem Programm des Empfängers spielt die Definition *Status Counter* eine entscheidende Rolle für das Verständnis des Programms. Hier wird jedem Begriff eine Zahl von 1 bis 9 zugewiesen. Dabei steht jeder Name für einen Schritt in einer State- bzw. Zustandsmaschine. Eine ähnlich aufgebaute Statemachine findet man auch noch einmal bei der Ansteuerung der Leuchtdioden. Ihr Name lautet *LEDStateMachine*. Hier gibt es für jeden State ein Sprung-Label, in dem eine der acht Leuchtdioden geschaltet wird.

```
; Status Counter

#define      BEGN      0x00
#define      BEGN1     0x01
```

```
#define     HEADR      0x02
#define     HEADR1     0x03
#define     HIGHP      0x04
#define     LOWP       0x05
#define     RECRD      0x06
#define     WAIT       0x07
#define     VALID      0x08
#define     IMPLMNT    0x09
```

Abb. 9.1: Definition des Zählers

Controller-spezifische Abkürzungen und Definitionen wie *ANSEL* oder *Port*, die zu jedem PIC-Controller dazugehören, sind in einer eigenen Datei, die für jeden Controller existiert und von Microchip zu MPLAB mitgeliefert wird, hinterlegt. Diese Datei mit ihren Definitionen bindet man ganz zu Anfang eines Programms nach dem Befehl *List* mit *#include* und dem Dateinamen ein.

Beispiel:

```
list p=16f676 ; list directive to define processor
#include <p16f676.inc>; processor specific variable definitions
```

In diesem Beispiel ist es die Datei *p16f676.inc*. Diese zwei Zeilen müssen immer an den im Projekt verwendeten Controller angepasst werden. Stimmen diese Angaben nicht mit dem ausgewählten Controller in der Konfiguration von MPLAB überein, bekommt man sofort eine Fehlermeldung beim Übersetzen des Programms.

Fehlermeldung:

```
MESSAGE: (Processor-header file mismatch. Verify selected processor.)
```

Allerdings muss es durch eine falsch eingebundene Datei nicht zwangsläufig zu Fehlfunktionen im Controller kommen.

9.1 Die Struktur des Empfänger-Programms

Auch dieses Programm lässt sich stark vereinfacht in einer „Zwei-Task"-Struktur darstellen. Das Empfängerprogramm besteht aus einer Schleife, die in einer großen Schleife liegt. Nach der Initialisierung, die einmal durchlaufen wird, wartet das Programm in

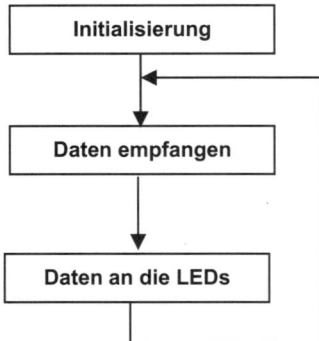

Abb. 9.2: Struktur Empfänger

einer Schleife auf aktuelle Daten vom Sender. Sobald eine gültige Datensequenz empfangen wurde, wird dies dem Benutzer über die Leuchtdioden dargestellt.

Der Programmteil, der die LEDs ansteuert, wird hier nicht näher betrachtet. Er kann als Anwendungsteil gesehen werden. Benutzt man das gegebene Programmgerüst für eigene Entwicklungen, kann man alles rund um die Ansteuerung der Leuchtdioden weglassen und schreibt am Label seine eigene Applikation zum Steuern von Relais, LEDs oder was auch immer betrieben werden soll.

Die Lernfunktion, die mit der Taste *learn* gesteuert wird, ist für den normalen Betrieb nicht erforderlich. Sie lässt aber bei Bedarf die Möglichkeit offen, eine Art Codierung des Senders auf den Empfänger zu integrieren. So besteht die Möglichkeit, in den Datenfeldern *Data0* und *Data1* eine Seriennummer in der Übertragung zu hinterlegen. Damit nun der Empfänger nur auf einen speziellen Sender hört, kann man den Sender die Seriennummer, mit der er zusammenarbeiten soll, mit der Lerntaste „lernen" lassen. Betätigt man die Lerntaste, speichert der Empfänger die empfangenen Datenfelder *Data0* und *Data1* in seinem EEprom ab. Jeder nun empfangene Daten-Stream muss dann diese Seriennummer beinhalten, sonst werden die Daten als ungültig für diesen Empfänger verworfen. Standardmäßig ist diese Seriennummernauswertung aber nicht aktiv, sodass jeder Sender mit jedem Empfänger zusammenarbeitet.

Nun zum Empfänger-Programm: Die Initialisierung entspricht weitgehend der des Senders, da die PICs aus der gleichen Familie stammen und ungefähr die gleichen Möglichkeiten bieten. Auch wenn der Analogeingang in der Initialisierung definiert wird, wird er in diesem Programm selbst nicht benutzt.

Eine entscheidende Änderung gibt es allerdings doch: Die Bezeichnung der Eingänge ändert sich von GPIOx, wie sie beim PIC12F675 heißen, zu PORTAx oder PORTBx, wie die I/Os der PIC16F6xx-Familie heißen. Dies ist etwas gewöhnungsbedürftig, denn dadurch lassen sich Programme nicht so leicht von einem kleinen auf einen größeren Controller übertragen. Hier ist es dann hilfreich, wenn man mit Definitionen gearbeitet hat. So braucht man nichts im eigentlichen Programm, sondern nur die Zuweisung in der Definition von GPIOx nach PORTx ändern.

9.1.1 Die Datenerfassung

Kommen wir nun zum entscheidenden Teil des Programms: der Datenerfassung.
Der Ablauf der Datenerfassung ist in einer Statemachine-Struktur programmiert. Eine
Statemachine (*Zustandsmaschine* oder *endlicher Automat*) ist in diesem Fall auch als eine
Art Schrittkette zu erklären. Es kann immer erst in den nächsten State (Schritt) gesprungen werden, wenn der aktuelle Schritt erfolgreich abgearbeitet ist und alle Bedingungen
für einen Sprung in den nächsten Schritt erfüllt sind. Eine Besonderheit ist, dass das Ziel
nicht unbedingt der nächste Schritt sein muss. Es kann auch aus verschiedenen Positionen bei einer bestimmten Bedingung wieder an den Anfang gesprungen werden.
Theoretisch kann sogar auch aus jedem Schritt in jeden beliebigen anderen Schritt
gesprungen werden.

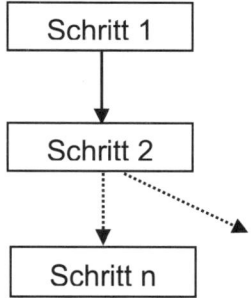

Abb. 9.3: Struktur einer Statemachine

Der Aufbau solch einer Statemachine ist recht einfach realisiert: Alle Schritte der Statemachine sind als kleine Unterprogramme angelegt, hier z. B. die Funktionen *BEGIN*
und *BEGIN1*, die den Anfang einer Datenübertragung suchen.

```
; BEGIN
;       Diese Funktion sucht den Anfang eines Datenstreams.
BEGIN
  btfsc  RXDATA              ; Daten Anfang?
   incf  STATECNTR, F        ; Ja, erhöhe den State-Zähler um 1
  goto   MAIN                ; Nein, springe zurück zu MAIN

BEGIN1
  btfsc  RXDATA              ; Wirklich Daten Anfang ?
   goto  MAIN                ; Nein, zurück

  call   SETWATCH            ; Ja, starte Stoppuhr
  incf   STATECNTR, F        ; Erhöhe den State-Zähler um 1

  goto   MAIN                ; Springe zurück zu MAIN
```

Abb. 9.4: Unterprogramme Begin und Begin1

Hier sieht man, dass in beiden Unterprogrammen der Zähler mit dem Namen *STATE-CNTR* bei Erreichen einer bestimmten Bedingung um eins erhöht wird. Wird die geforderte Bedingung nicht erfüllt, wird zu dem Label *Main* gesprungen. Das kommt einem *RESET* gleich, da dort dann der *Statecounter* gelöscht und somit die Schrittkette wieder von vorne abgearbeitet wird.

Würde man nun in einem State (Schritt) den Counter nicht nur um eins erhöhen, sondern eventuell auch gezielt mit einer bestimmten Zahl laden, wäre auch ein Sprung in jeden anderen Schritt möglich.

Wenn man sich dazu jetzt noch den Programmteil *Main* ansieht, erkennt man, wie das gelöst ist: In *Main* wird der Inhalt des Statecounters nicht direkt ausgewertet. Der Inhalt des Registers *STATECNTR* wird auf das Register *PCLATH* aufaddiert, wodurch ein definierter Sprung um den Wert im Register *STATECNTR* ausgelöst wird.

Was verbirgt sich hinter dem Register PCLATH und PCL? Wenn man Informationen zu Fehlermeldungen oder besonderen Begriffen sucht, ist es hilfreich, die Stichwörter in der Hilfe von MPASM-Assembler, oder einer der anderen Rubriken, einzugeben. Gibt man die beiden genannten Begriffe ein, erhält man folgende Antworten:

PCLATH   Program Counter High Byte Latch
PCL   Program Counter Low Byte

Da der Programmcounter der PICs aber im Gegensatz zu allen anderen Registern 13 Bit breit ist, besteht er organisatorisch aus diesen zwei Registern. Da eine direkte Adressierung nicht möglich ist, muss er besonders behandelt werden.

Mit dem Programmcounter wird bestimmt, welcher Befehl als Nächstes abgearbeitet wird. Beeinflusst man den Programmcounter gezielt, durch Addition, Subtraktion oder Zuweisen eines bestimmten Werts, kann man im Programm gezielt hin- und herspringen.

Der Aufbau des Programmcounters wird im Datenblatt beschrieben.

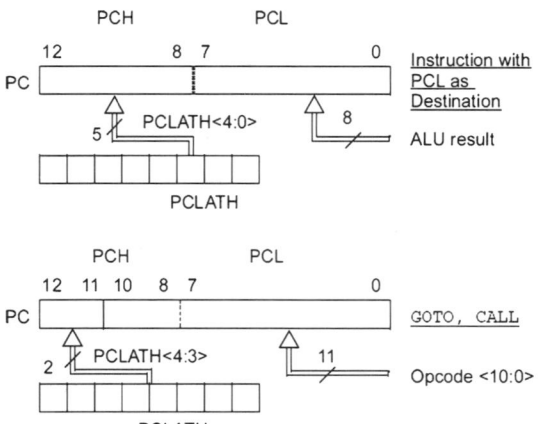

Abb. 9.5: Aufbau des Programmcounters

Alle Operationen, die auf diesem Register ausgeführt werden, unterliegen aber weiterhin den Restriktionen einer 8-Bit-Operation. Führt man mit diesem Register Rechenoperationen aus, muss man bedenken, dass es hier keinen automatischen Übertrag in die oberen Bits gibt. Auch gibt es keine Statusbits, die im Zusammenhang mit dem Register ausgewertet werden können. Hier muss ein Übertrag vom Programmierer gesondert erkannt werden.

Weitere Informationen zum Umgang mit dem Programmcounter findet man auch in der Technical Note AN556 von Microchip.

Da das Programm des Empfängers nicht für einen bestimmten Controller geschrieben ist, wird zuerst mit dem Operator *high*, oder in diesem speziellen Fall *HIGH STATEM*, das High-Byte des angegebenen Operators ausgelesen. Dieser Wert wird dann in den oberen Teil des Programmcounters geladen. In den nächsten Befehlen wird auf den unteren Teil des Programmcounters der Wert der Statemachine aufaddiert. Um Fehler zu vermeiden, werden die oberen vier Bits des Zählers aus Sicherheitsgründen schon vor der Addition ausmaskiert. Durch diese Addition zeigt nun der Programmcounter auf eine der folgenden GOTO-Zeilen. Ist der Wert größer als beabsichtigt, wird durch die GOTO-RESET-Zeilen der Controller automatisch neu gestartet.

Fertig ist die Statemachine bzw. eine Schrittketten-Programmierung. Länge und Umfang sind natürlich beliebig und müssen nicht, wie hier, immer 10 Schritte betragen.

Hier das Listing zur Statemachine aus dem Demoprogramm:

```
movlw   HIGH STATEM     ; high Return high byte of operand  movwf  PCLATH
movf    STATECNTR, W    ; Mask out the high order bits of
andlw   B'00001111'     ; STATECNTR (a noise guard)

addwf   PCL, F          ; The program clock (PCL) is incre STATEM
goto    BEGIN           ; mented by STATECNTR in order
goto    BEGIN1          ; to go to the appropiate routine
goto    HEADER
goto    HEADER1
goto    HIGHPLSE
goto    LOWPULSE
goto    RECORD
goto    WAIT4END
goto    VALIDATE
goto    IMPLEMNT
goto    RESET           ; These RESET commands correct
goto    RESET           ; erroneous values of STATECNTR
goto    RESET           ; not caught by the mask above.
goto    RESET
goto    RESET
goto    RESET
```

Abb. 9.6: Statemachine im Hauptprogramm

Dieser Programmaufbau kann natürlich ohne Weiteres auch in andere Programme übertragen und für andere Programmstrukturen mit anderen Aufgabenstellungen angepasst werden.

Weitere Details und Informationen erhalten Sie in den folgenden Anwendungsbeispielen.

10 Der PIC 16F684

Bei dem PIC16F684 handelt es sich, wie beim PIC16F676 auch, um einen 14-poligen Controller aus der 8-Bit-Reihe von Microchip. Er verfügt, neben den zusätzlichen PWM-Registern, auch über einen weiteren Timer, einen Comperator-Eingang und doppelt so viel Speicher in allen Bereichen.

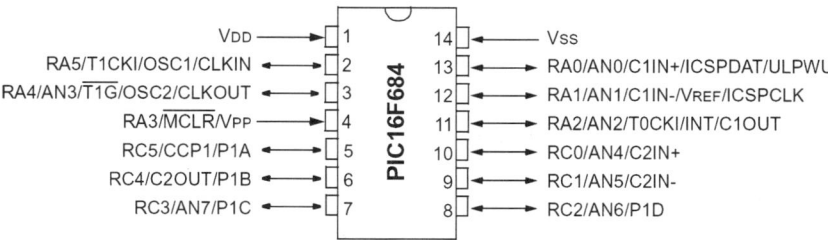

Abb. 10.1: Pin-Diagramm des PIC 16F684

Die Entscheidung, einen Controller mit PWM-Ausgang einzusetzen, fiel aufgrund der am Anfang zur Verfügung stehenden Messgeräte. Dieser Ausgang wird in den ersten Anwendungen nur als reines Messsignal benutzt. Dies ist vor allem hilfreich, wenn man nur ein einfaches oder gar kein Oszilloskop für Messungen zur Verfügung hat. Mithilfe des PWM-Ausgangs wird der übertragene „analoge" Wert des Potis wieder als optische „Analoggröße" ausgegeben.

Ist der übertragene Wert 0 (Null), also das Poti am linken Anschlag, erlischt die LED am PWM-Ausgang. Steht das Poti am rechten Anschlag, wird der maximale Wert am A/D-Wandler erfasst und die LED leuchtet am hellsten. Der PWM-Ausgang ist dann immer 1. Durch Drehen am Poti auf der Senderplatine kann man die Helligkeit der LED verstellen. So lässt sich auch ohne Debugger oder besondere Messmittel sehr leicht der eingestellte Wert am Poti zumindest tendenziell erkennen. Gleichzeitig kann man dadurch auch erkennen, ob die Funkstrecke arbeitet und ein Wert übertragen wurde. Sicher ist das nur eine kleine Unterstützung, aber es hat sich in mehreren Projekten als hilfreich erwiesen. Bei einer Fehlersuche in solch einem Übertragungssystem sollte man auch immer bedenken, dass der Fehler eventuell bereits auf Senderseite entstanden sein kann!

10.1 Allgemeines zu den Ein- und Ausgängen

Ein Vorteil der PIC-Controller ist unter anderem, dass man Leuchtdioden direkt an die Ausgangspins, auch ohne zusätzliche Treiberbausteine, anschließen kann. Hierbei sind aber ein paar Restriktionen zu beachten. Diese findet man in dem Kapitel *Electrical Specifikations*. Beim PIC16F684 ist es das Kapitel 15, beim PIC12F675x das Kapitel 13.

15.0   ELECTRICAL SPECIFICATIONS

Absolute Maximum Ratings[†]

Ambient temperature under bias .... -40° to +125°C

Storage temperature .... -65°C to +150°C

Voltage on VDD with respect to VSS .... -0.3V to +6.5V

Voltage on $\overline{MCLR}$ with respect to VSS .... -0.3V to +13.5V

Voltage on all other pins with respect to VSS .... -0.3V to (VDD + 0.3V)

Total power dissipation[1] .... 800 mW

Maximum current out of VSS pin .... 95 mA

Maximum current into VDD pin .... 95 mA

Input clamp current, IIK (VI < 0 or VI > VDD) .... ± 20 mA

Output clamp current, IOK (VO < 0 or VO > VDD) .... ± 20 mA

Maximum output current sunk by any I/O pin .... 25 mA

Maximum output current sourced by any I/O pin .... 25 mA

Maximum current sunk by PORTA and PORTC (combined) .... 90 mA

Maximum current sourced PORTA and PORTC (combined) .... 90 mA

Note 1:   Power dissipation is calculated as follows: PDIS = VDD x {IDD − Σ IOH} + Σ {(VDD − VOH) x IOH} + Σ(VOl x IOL).

> † NOTICE: Stresses above those listed under "Absolute Maximum Ratings" may cause permanent damage to the device. This is a stress rating only and functional operation of the device at those or any other conditions above those indicated in the operation listings of this specification is not implied. Exposure above maximum rating conditions for extended periods may affect device reliability.

Abb. 10.2: Electrical Specifikations

Auch wenn der maximale Strom für einen Ausgang mit 25 mA angegeben ist, kann man leider nicht alle Pins gleichzeitig so stark belasten. Hier sollte man immer auch einmal einen Blick auf den gesamtzulässigen Strom für alle Ports werfen, wodurch sich dieser Wert relativiert. Möchte man zwei kleine Relais und zusätzlich einige Leuchtdioden ansteuern, muss man den Gesamtstromwert auch im Auge behalten.

Zu den Pins findet man meist auch noch eine Tabelle mit der Zuordnung der möglichen Zusatzfunktionen. Diese Tabelle ist immer interessant bei der Schaltungsgestaltung und der Entscheidung, welchen Pin man wofür benutzen sollte. Leider steht nicht jede Funktion an jedem Pin zur Verfügung. Die Möglichkeit des Pinmappings, des Verschiebens von Funktionalitäten auf andere Pins, gibt es nur bei den größeren neuen Controllern. Das kann zugegebenermaßen sehr hilfreich sein.

Die Tabelle in *Abb. 10.3* beschreibt die Möglichkeiten des PIC16F684.

Beachten sollte man immer, wie die Funktion *MCLR* (Master Clear) definiert wird. Sie ist in den Konfigurations-Bits standardmäßig so voreingestellt, dass sie auf dem entsprechenden Pin – beim PIC16F684 wäre es der Pin 4 – liegt. Sie muss abgeschaltet werden, wenn man sie nicht benutzen möchte. Ist die Funktion nicht deaktiviert und

TABLE 1:   DUAL IN-LINE PIN SUMMARY

I/O	Pin	Analog	Comparators	Timer	CCP	Interrupts	Pull-ups	Basic
RA0	13	AN0	C1IN+	—	—	IOC	Y	ICSPDAT/ULPWU
RA1	12	AN1/VREF	C1IN-	—	—	IOC	Y	ICSPCLK
RA2	11	AN2	C1OUT	T0CKI	—	INT/IOC	Y	—
RA3[1]	4	—	—	—	—	IOC	Y[2]	$\overline{MCLR}$/VPP
RA4	3	AN3	—	$\overline{T1G}$	—	IOC	Y	OSC2/CLKOUT
RA5	2	—	—	T1CKI	—	IOC	Y	OSC1/CLKIN
RC0	10	AN4	C2IN+	—	—	—	—	—
RC1	9	AN5	C2IN-	—	—	—	—	—
RC2	8	AN6	—	—	P1D	—	—	—
RC3	7	AN7	—	—	P1C	—	—	—
RC4	6	—	C2OUT	—	P1B	—	—	—
RC5	5	—	—	—	CCP1/P1A	—	—	—
—	1	—	—	—	—	—	—	VDD
—	14	—	—	—	—	—	—	VSS

Note 1:   Input only.
    2:   Only when pin is configured for external $\overline{MCLR}$.

Abb. 10.3: Übersicht der zur Auswahl stehenden Funktionen an den entsprechenden Pins

der Pin dann nicht entsprechend beschaltet worden, bleibt der Controller im Reset stehen und auch das beste Programm läuft nicht an.

Ähnliches gilt auch für die Funktion *Clock Out*. Diese wird auch in den Konfigurations-Bits ausgewählt, allerdings ist sie nicht standardmäßig aktiv.

Anfangs vergisst man leicht, die Analogfunktion des entsprechenden Pins zu deaktivieren, wenn man ihn als digitalen Pin benutzen möchte. Hierzu muss im Register *ANSEL* zu jedem Pin, der nicht analog genutzt werden soll, das entsprechende Bit gelöscht werden.

Alle weiteren Funktionen der Pins müssen aktiviert werden, wenn man sie benutzen möchte. Diese Abfolge der Grundeinstellungen gilt nicht nur für den PIC16F684, sondern eigentlich auch für alle anderen PIC-Mikrocontroller aus dieser Familie.

Interessant sind auch die immer öfter integrierten und individuell zuschaltbaren *Pull-ups*. Wenn man den Pin als digitalen Eingang benutzen möchte, kann der sonst erforderliche externe Pull-up-Widerstand am Taster oder Schalter zur Betriebsspannung entfallen. Dies vereinfacht schon mal die Schaltung und vor allem oft das Platinenlayout dazu.

Auch der PIC16F684 verfügt über die Funktion *Interrupt on change*. Um Energie, vor allem im Batteriebetrieb, zu sparen, schickt man den Controller möglichst oft schlafen. Damit aber keine Eingaben des Bedieners versäumt werden, kann man den *Interrupt on* change (kurz *IOC*) aktivieren, sodass der Controller in dem Moment, wo eine Eingabe erfolgt, aus dem Schlaf erwacht und diese dann auch sofort abarbeitet. Natürlich ist damit auch eine Unterbrechung des laufenden Programms möglich, um wichtige

Informationen sofort zu erfassen. Diese Funktion wird, wie beschrieben, im Senderprogramm eingesetzt.

Bei der Auswahl des Controllers sollte man beachten, dass die benötigten Hardware-
funktionen nicht auf den gleichen Pins liegen und nur alternativ zur Verfügung stehen. Das kann bei dem PWM-Modul und den Comperatoreingängen schon mal
passieren.

11 Ein Bit senden

11.1 Allgemeines

In diesem Kapitel wird nun das „Gelesene" aus dem Demoprogramm in eine erste eigene kleine Anwendung übertragen. Es soll etwas an- und ausgeschaltet werden, z. B. einige Lampen im Wohnzimmer. Dies lässt sich durch ein einziges Bit repräsentieren und steuern. Um es aber nicht zu einfach zu gestalten, sollen gleich vier Lampen zur Auswahl stehen, die jeweils einen eigenen Ausgang am Mikrocontroller besitzen.

Diese vier Lampen können durch vier verschiedene Tasten auf dem Sender geschaltet werden. Das Schalten erfolgt im Toggeln. Einmal drücken: Lampe *EIN*; eine erneute Betätigung schaltet dann die Lampe wieder *AUS*. Jede dieser Tasten ist einer Lampe fest zugeordnet. Wie diese Ausgänge zum Schalten einer Lampe im Leistungsteil aufgebaut sind, wird hier nicht betrachtet. Zur Simulation der Lampen können zusätzliche Leuchtdioden an die entsprechenden Ausgänge des Controllers angeschlossen werden. Eine leuchtende LED steht dann für eine eingeschaltete Lampe. Um das Multiplexen der LEDs auf dem PICkit1 zu umgehen, sollen die noch freien Ausgänge des PIC16F864 benutzt werden. Auch würden sonst eventuell später angeschlossene Relais durch das Multiplexen flattern.

Was muss nun alles für solch eine Aufgabenstellung in den vorhandenen Programmen angepasst werden? Das Empfangsprogramm *rcvr_analog_display.asm* ist so gestaltet, dass die LEDs von alleine wieder erlöschen, wenn keine Daten gesendet werden. Das soll sich nun ändern, wie auch die Zuordnung der zu steuernden Ausgänge. Jede Leuchtdiode soll alleine über eine Taste gezielt an- und wieder ausgeschaltet werden können. Das erfordert zusätzlich eine Erweiterung des Senders in der Software, aber auch zwei weitere Taster werden für diese Aufgabenstellung benötigt.

11.2 Die Schaltung für den Sender

Da die rfPICs 12F675x nur über die begrenzte Anzahl von sechs I/O-Pins verfügen, wären vier Tasten schon fast das Maximum dessen, was direkt erfasst werden kann. Damit aber für andere Aufgabenstellungen eventuell auch noch mehr Tasten möglich werden, wird hier für die Tastenerfassung ein alternativer Weg vorgestellt.

Ist man auf der Suche nach Anregungen für einen alternativen Lösungsansatz, findet man diesen in dem Heftchen *Tips´n Tricks* zu den 8-Bit-Controllern von Microchip.

Tips 'n Tricks

8-pin FLASH
PIC® Microcontrollers
Outperform the Competition   **Abb. 11.1:** Tips 'n Tricks

Schaut man hier unter der Rubrik *Tip #5 scanning Many Keys With One Input,* findet man folgende Lösung: ein kleines Widerstandsnetzwerk mit je einer Taste zu jedem Widerstand, das auf einen Kondensator wirkt. Abhängig davon, welche Taste in dem Widerstandsnetzwerk betätigt wird, verändert sich die Ladezeit des Kondensators, die mit dem Mikrocontroller gemessen wird. Jeder Ladezeit ist ein Tastendruck zugeordnet. Diese Zuordnung organisiert der Controller. Für erste Programmieranregungen wird dabei auf die Application Note AN512 zur Gestaltung eines Ohmmeters verwiesen.

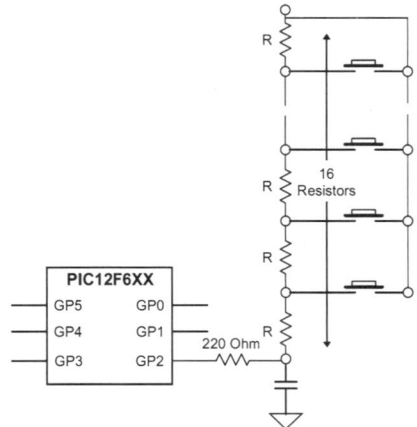

Abb. 11.2: Tips 'n Tricks Tip 5

Der *Tip #6* erweitert die vorgestellte Schaltung so, dass auch ein *Wake-Up From Sleep* durch jede Taste möglich ist. Dazu wird allerdings ein zusätzlicher Eingang am Mikrocontroller benötigt.

In dem selben Heftchen wird dann unter der Überschrift *Tip #7 8X8 Keyboard with 1 Input* ein Lösungsansatz zur Auswertung eines ganzen 8-x-8-Keyboards mit nur einem Analogeingang vorgestellt.

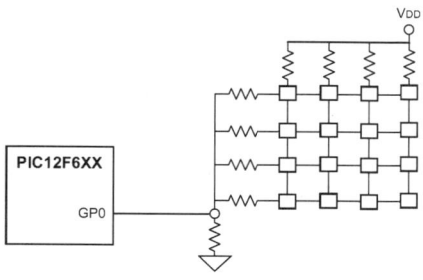

Abb. 11.3: Tips 'n Tricks 8-x-8-Keyboard an einem Eingang

Nimmt man diesen Schaltungsvorschlag als Grundlage und passt ihn etwas an die gegebene Aufgabenstellung an, ist es eine sehr interessante Lösungsvariante.

Für das Beispiel sollen die Taster nicht, wie in der Zeichnung, zwischen den Widerständen liegen. Da nur vier Taster benötigt werden, reicht es aus, wenn man die Schaltung als einfachen schaltbaren Spannungsteiler aufbaut. Beachtet werden muss lediglich, dass der Analogeingang bei keiner Schalterbetätigung offen ist. Ein offener Analogeingang an dieser Stelle würde zu falschen Ergebnissen führen. Eine passende Schaltung könnte dann folgendermaßen aussehen:

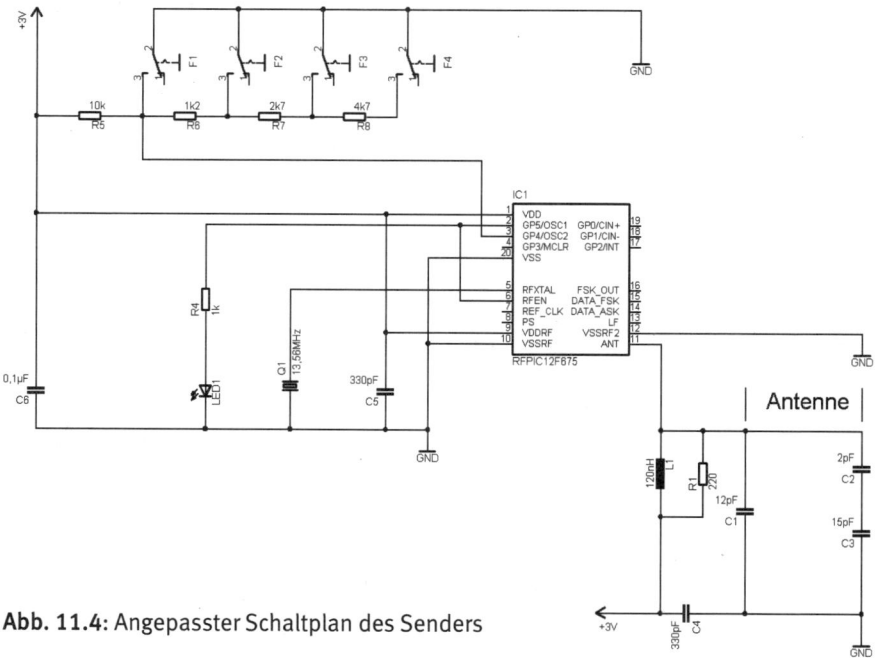

Abb. 11.4: Angepasster Schaltplan des Senders

Baut man die vier Taster auf einer extra Platine auf, kann man diese Platine über den Stecker P2 mit der rf-Senderplatine verbinden. Den Anschluss GP4 findet man an dem Stecker P2 unter der Bezeichnung RA4.

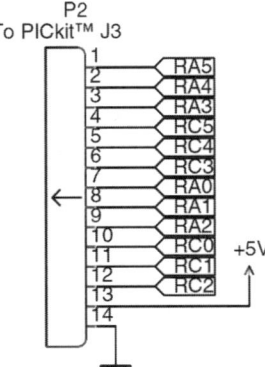

Abb. 11.5: Stecker P2 am Sender

Betrachtet man die Spannungsverhältnisse in der Schaltung, erkennt man Folgendes: Solange keine Taste in der Schaltung betätigt ist, liegt in der Ruhestellung aller Tasten an dem A/D-Wandler-Eingang etwa die Betriebsspannung von $U_E = 3$ V an.

Sobald nun aber eine Taste betätigt wird, ändert sich entsprechend des Spannungs-teilerverhältnisses der Spannungswert U_{AD} am Eingang des A/D-Wandlers. Betätigt man in der vorgestellten Schaltung z. B. die Taste F3, hat der Spannungsteiler vor dem A/D-Eingang einen Gesamtwiderstand von:

$$R_G = R_{T1} + R_{T_2} + R_{T_3}$$

Auf die Schaltung bezogen lautet die Formel dann:

$$R_G = R_5 + R_6 + R_7$$

Setzt man die Werte der Widerstände in die Formel ein, erhält man:

$$R_G = 10k + 1{,}2k + 2{,}7k = 13{,}9k\Omega$$

Aufbauend auf diesen errechneten Wert für R_G folgt nun mit der nächsten Formel die Berechnung von U_{AD} oder, genauer beschrieben, in diesem Fall die Spannung $U_{TasteF3}$:

$$U_{TasteF3} = \frac{U_E}{R_G} * (R_6 + R_7) = 0{,}841V$$

Als Spannungswert am A/D-Wandler bei einer betätigten Taste F3 stellt sich bei einer Betriebsspannung von 3 V eine Spannung $U_{TasteF3}$ (berechnet nach der oben vorgestell-ten Formel) von 0,841 Volt ein.

Als allgemeine Formel zur Berechnung des Spannungswerts U_{AD} (die Spannung am Analog-Digital-Eingang) einer betätigten Taste kann man dann schreiben:

$$U_{AD} = \frac{U_E}{R_G} * (R_{T_2} + R_{T3} + ... + R_{T_n})$$

U_E steht dabei für die Eingangsspannung. Man könnte auch sagen: Es ist die Betriebsspannung des Spannungsteilers für die Tasten.

R_G ist der Gesamtwiderstand des Spannungsteilers, an dem die Tasten angeschlossen sind. R_{T_n} steht für den einzelnen Widerstandswert, der vor der folgenden Taste liegt. Beachten muss man bei der Formel lediglich, dass der Wert R_{T_1} nicht verwendet wird. Der Wert der Taste F1 geht immer nur in R_G ein. In dem vorgestellten Schaltplan hat der Widerstand den Namen R_5.

Diese so errechneten Spannungswerte für die jeweilige Taste müssen dann in der Software als Konstante hinterlegt werden. Mit ihrer Hilfe und den an dem A/D-Wandler gemessenen Werten werden dann die erkannten Spannungen zu einem Tastendruck umgewandelt. Hierbei muss aber auch beachtet werden, dass die meisten Tasten beim Betätigen prellen und sich die Spannung am Eingang nicht augenblicklich einstellt. Bevor sich die

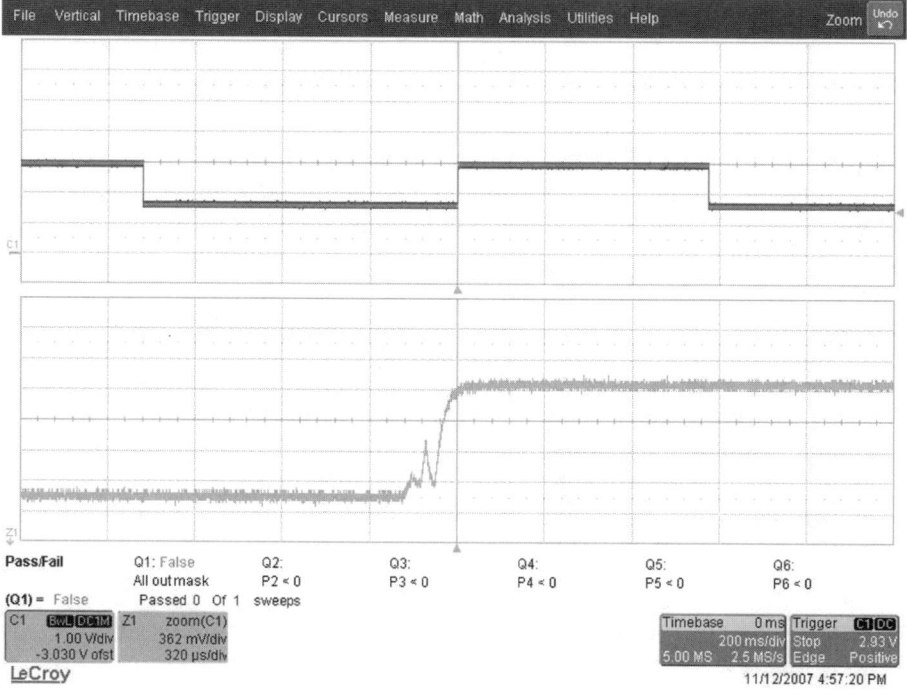

Abb. 11.6: Spannungsverlauf eines analogen Tastendrucks

Spannung für F2 einstellt, durchläuft sie auch den Wert von F1. Dies ist bei der Auswertung der Messergebnisse zu berücksichtigen und einige weitere Dinge sind zu beachten, um einen gültigen Tastendruck ermitteln zu können.

Als Beispiel ist hier in Bild 11.6 der Spannungswechsel an einer betätigten Taste von 3 auf 1,6 Volt und zurück mit einem Speicheroszilloskop aufgezeichnet. Im dem unteren Zoomfenster *Z1* sieht man an der ansteigenden Flanke deutlich das Prellen der Taste. Dieses Prellen und das Erreichen des Endwerts dauern in diesem Fall etwa 180 ms.

Je nach Geschwindigkeit und Programmgestaltung ist ein Mikrocontroller in der Lage, in dieser nach menschlichem Ermessen doch recht kurzen Zeit, verschiedene Spannungswerte aus dem Tastendruck zu erkennen. Das kann, wenn es nicht beachtet wird, durchaus zu Fehlfunktionen führen.

Der Spannungsteiler in der vorgestellten Schaltung ist so dimensioniert worden, dass er sich für die weiteren Beispiele leicht um weitere Tasten ergänzen lässt. Die Widerstandswerte sind so berechnet worden, dass sich bei einer Betriebsspannung von 5 V eine Spannungsdifferenz von etwa 0,5 V je Taste ergibt. So ist es theoretisch möglich, mit 10 Widerständen eine Erkennung von 10 Tasten zu realisieren. Da die errechneten Widerstände nicht immer der E12-Reihe entsprechen, wurden für den Aufbau die in der Nähe liegenden Widerstandswerte gewählt. Das bedeutet aber auch, dass man unter Umständen noch einmal zurückrechnen muss, um die sich einstellende Spannung zu bestimmen.

Je mehr Tasten man auf diese Weise erkennen möchte, desto genauer müssen auch die ermittelten Widerstandswerte eingehalten werden. Hier sollten dann nur Widerstände mit einer geringen Toleranz verwendet werden.

Damit man für solche Erweiterungen nun nicht die ganze originale rf-Platine zerlegen muss, kann man sich einen kleinen Adapter bauen, wie er schon am Anfang des Buchs erwähnt wurde. Um aber eine uneingeschränkte Nutzung der rf-Platine mit der selbst gebauten Erweiterung sicherzustellen, sollten auf der Senderplatine die zwei Potis und, wenn benötigt, auch die zwei Tasten mit ihren Widerständen ausgelötet werden. So erhält man bis zu vier freie Eingänge für die eigenen Anwendungen. Diese mit dem Spannungs-

Abb. 11.7: Erweiterungsplatine für den Sender

teiler zum Erkennen mehrerer Tastenbetätigungen erweiterte Schaltung wird in dieser Art oder mit kleinen Anpassungen auch in den folgenden Beispielen Verwendung finden. Um die originale rf-Platine an die Erweiterungsplatine stecken zu können, hat diese auf der Rückseite eine kleine Pfostenleiste als Stecker erhalten.

Die Datenausgänge GP2 und GP5 für das Freigabesignal des Senders bleiben unverändert, da dies sonst weitere Softwareänderungen erfordern würde.

Natürlich folgt hier nun auch der Schaltplan zu der vorgestellten Erweiterungsplatine.

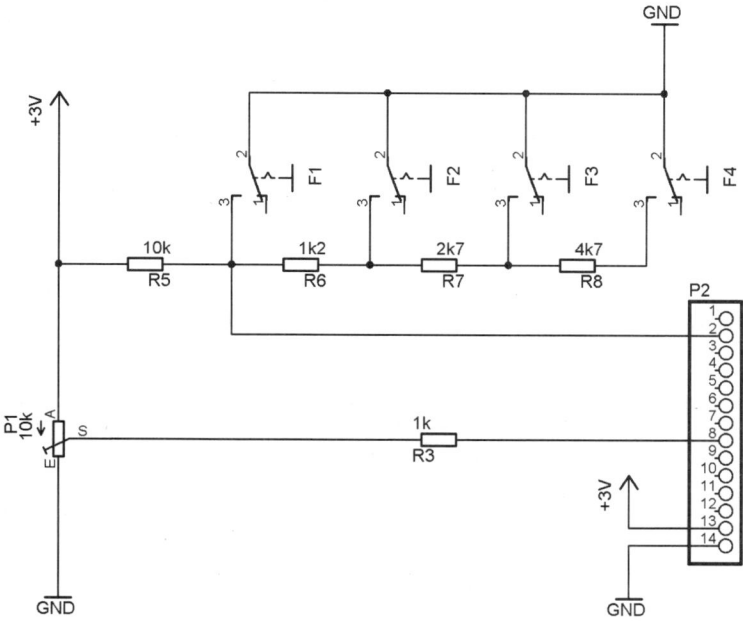

Abb. 11.8: Schaltplan zu der vorgestellten Lochrasterplatine

Auch lassen sich alle folgenden Beispiele mit dieser Platine nachbauen. Dazu muss lediglich die eine oder andere Änderung erfolgen, auf die dann aber gesondert hingewiesen wird.

11.3 Programmänderung für den Sender

Bevor man an die Änderungen geht, sollte man noch einmal die Form der Datenerfassung und das Format überdenken. Man kann die analog erfassten Daten unbearbeitet zum Empfänger übertragen oder, wie in der Aufgabenstellung gedacht, die Eingaben bereits im Sender in die entsprechenden Tastenbetätigungen umwandeln und als solche übertragen.

Je nachdem, für welche Möglichkeit man sich entscheidet, sind unterschiedliche Anpassungen an der Software erforderlich. Im Buch wird nun der zweite Weg beschritten.

Die Änderungen:

Bei der Konfiguration des Controllers für den Sender kann die Auswahl des A/D-Kanals nun auf einen festen Eingang beschränkt werden. So kann die Kanalwahl bei Aufruf von *READ_ANALOG* entfallen, da nur ein A/D-Kanal benötigt wird. Im Beispiel liegt das Signal mit der Spannung des Tastendrucks am Eingang *AN3*. Die eigentliche Änderung lässt sich am besten mit in das Hauptprogramm ab dem Label *MAIN* einbinden. Um die einzelnen Spannungswerte für einen Tastendruck richtig zu erkennen, kann man einen „Größer-Kleiner-Vergleich" des Analogwerts durchführen. So kann man nach einzelnen Bereichen, die einen Tastendruck darstellen, suchen. Beim Einsatz der Programmiersprache C wäre man hier im Vorteil, denn dort gibt es solche Abfragekriterien. Bei der Verwendung von Assembler muss man sich hingegen schon etwas einfallen lassen. Aber auch hier gibt es bereits einen Werkzeugkasten, der helfen kann. Das Tool nennt sich *Code Module Library* und stammt ebenfalls von Microchip.

Diese Software ist, ebenso wie MPLAB, kostenlos als Download auf der Website von

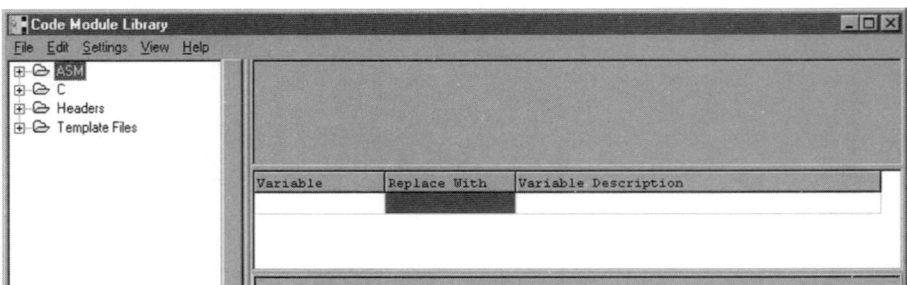

Abb. 11.9: Startansicht der Code Module Library

Microchip in der neusten Version erhältlich.

Die *Code Module Library* ist in mehrere Bereiche gegliedert. Eine Vergleichsfunktion findet man in dem Ordner *Logical* und, da acht Bits miteinander verglichen werden sollen, dort in dem 8-Bit-Ordner.

Um nun seinen individuellen Code mit der Library zu erhalten, muss man nur die vorgegebenen Variablen durch seine eigenen ersetzen. Das Ersetzen der Variablen erfolgt dann automatisch, wenn man die gewünschten Variablennamen in die Spalte *Replace With* einträgt. Möchte man das Modul um eigene Programmschnipsel erweitern, ist dies mit dem Button: *New...* möglich. Bestehende Schnipsel lassen sich mit

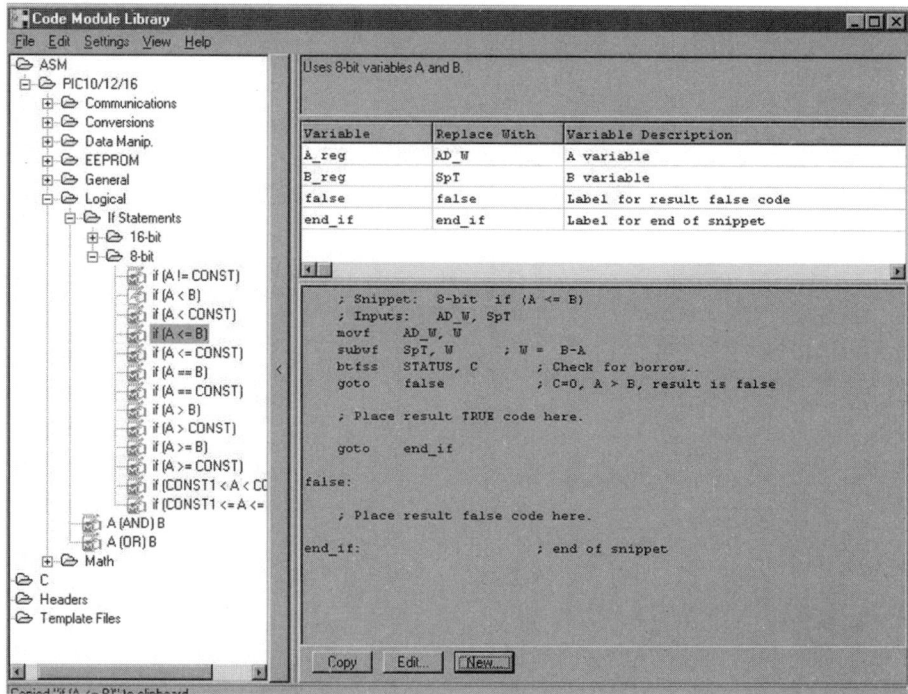

Abb. 11.10: Code Modul Library Auswahl eines Vergleichs A <= B

Edit... auch an die eigenen Wünsche anpassen. Auch wenn man sicher nicht immer das Passende findet, ist die Library doch oft für weitere Anregungen oder Lösungsansätze nützlich. Neben der Programmiersprache Assembler unterstützt die *Code Module Library* auch das Generieren von C-Programmschnipseln, die z. B. zum Beschreiben eines EEproms verwendet werden können.

Nutzt man dieses Tool zum Erkennen der Tasten, kann man mit Konstanten für die einzelnen Tastenspannungen arbeiten. Dabei bietet es sich an, mit der Suche oben oder unten zu beginnen. Beginnt man mit der Suche unten, gilt: Ist die Konstante kleiner als der Wert des A/D-Wandlers, ist die entsprechende Taste gefunden, die betätigt wurde.

Welche Werte müssen denn gefunden werden? Die absoluten Spannungswerte zu jeder Taste hängen natürlich auch von der Betriebs- bzw. der Batteriespannung ab. Diese absoluten Werte müssen aber nicht gesucht werden, da sie sich im Lauf der Zeit durch den Verbrauch der Batterie ändern. Aus diesem Grund würde das nur zu weiteren Schwierigkeiten führen. Was aber immer konstant bleibt, ist das Verhältnis der Tastenspannungen zur Betriebsspannung. Hiermit kann man uneingeschränkt arbeiten. Es muss lediglich der Controller so konfiguriert werden, dass die Betriebsspannung als Referenz gilt. Dazu muss das Config-Bit *VCFG* im Register *ADCON0* gelöscht sein.

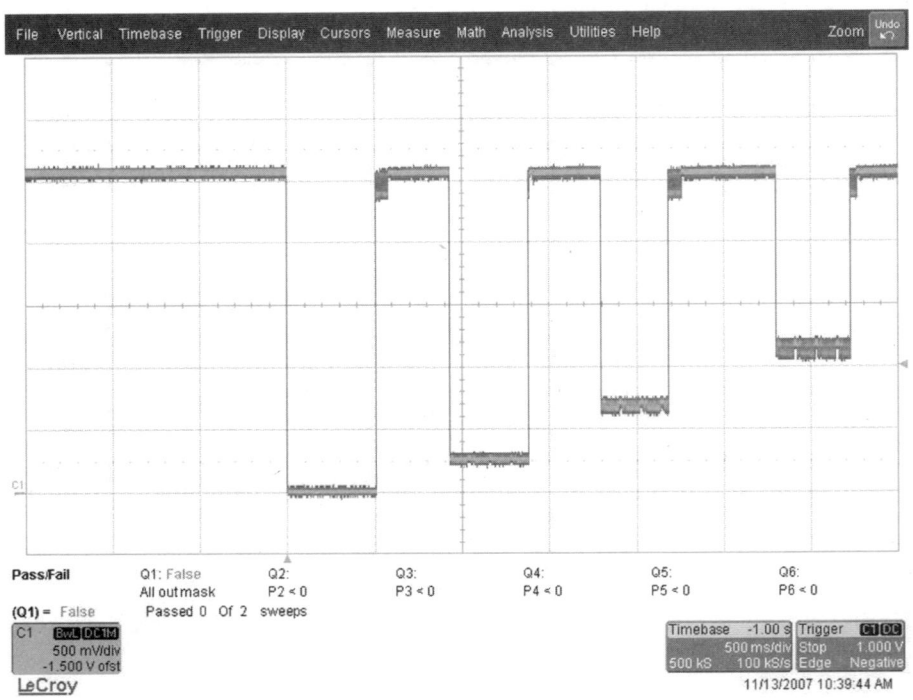

Abb. 11.11: Die Spannungen der einzelnen Tasten

```
bcf ADCON0, VCFG ; Spannungsreferenz für A/D = Vdd
```

Abb. 11.12: Löschen des Bits VCFG

Eine 8-Bit-Betrachtung vorausgesetzt, ist immer der binäre Wert 255 = U_E – unabhängig von der eigentlichen Betriebsspannung. Das andere Ende der Erkennung erhält man, indem man den Eingang des A/D-Wandlers auf Masse legt. Dann liefert er eine binäre *0* (Null). So kennen wir auch schon den ersten Wert, um die Taste *F1* erkennen zu können. Ist diese Taste betätigt, sollte der A/D-Wandler einen Wert von ungefähr *0* (Null) liefern, da diese Taste den Eingang unabhängig von der Betriebsspannung immer auf Masse = 0 Volt zieht. Um leichte Toleranzen abzufangen, definiert man die Vergleichsabfrage nicht genau auf *0* (Null), sondern etwa auf 10 oder 15. Schon hat man die erste Taste *F1* ausgewertet. Um die benötigten Zwischenwerte für die anderen Tasten errechnen zu können, nimmt man die gleiche Formel, wie sie für die Tastenspannungen vorgestellt wurde.

Anstatt der Spannung setzt man für U_E dann die maximale Auflösung des A/D-Wandlers ein. Natürlich kann man dies auch mit einer 10-Bit-Auflösung errechnen. Dann muss man lediglich anstelle der 255 den Wert 1024 einsetzen. So kann man für alle anderen Tasten die Konstante nach der folgenden Formel errechnen:

$$AD_{TasteFx} = \frac{255}{R_G} * (R_{T_2} + R_{T_3} + ... + R_{T_n})$$

Die Formel gefüllt mit den entsprechenden Werten für die Taste *F2* würde dann lauten:

$$AD_{TasteF2} = \frac{255}{11,2} * (1,2) = 27$$

Dies wiederholt man nun für alle Tasten. Für die Taste *F3* erhält man die Konstante 73 und für die Taste *F4* die Konstante 131.

Wie man in dem Bild zur Tastenspannung sehen kann, weichen die errechneten Werte leicht von den gemessenen ab. Dies liegt an der mit 10 % recht hohen Toleranz der Widerstände. Möchte man viele Tasten auf diese Weise auswerten, sollte man schon Widerstände mit maximal 1 % Fehler verwenden, da sich alle Fehler in der Reihenschaltung addieren. Von der Dimension her liegen die errechneten Konstanten aber im richtigen Bereich, sodass die Tastenerkennung mit nur vier Tasten einwandfrei arbeiten sollte.

Das Programm für die Auswertung der Tasten könnte dann so aussehen:

```
;-----------------------------------------------------------------------
; Main Program
;-----------------------------------------------------------------------
 MAIN
 bsf INTCON, GIE                 ; Interrupts deaktiviert, da sie nicht gebraucht
                                 ; werden

;-----------------------------------------
; Scan push buttons
;-----------------------------------------
SCANPB
        bcf         RFENA        ; Abschalten des Transmitters
        clrf        FuncBits     ; Lösche Tasten-Bits Register

 CALL READ_ANALOG                ; Starte Tastenabfrage
; Ermitteln, ob eine Taste gedruckt wurde
        movfw       ADRESH
        movwf       TEMP         ; Schieben des AD-Werts in TEMP
;******************** Auswertung der AD-Tasten ********************
; Snippet:          if (A <= D'15')
; Inputs:           TEMP
        movf        TEMP, W
        sublw       D'15'        ; W = D'15'-A
        btfss       STATUS, C    ; Check for borrow..
        goto        false        ; C=0, A>D'15', false cond'n
; Place result TRUE code here
```

```
        BSF     FuncBits,7               ; Setze Bit für T1
        goto    end_if          ; skip over false code.
false:
; Snippet:       if (A <= D'35')
; Inputs:        TEMP
        movf    TEMP, W
        sublw   D'35'           ; W = D'35'-A
        btfss   STATUS, C       ; Check for borrow..
        goto    false0          ; C=0, A>D'35', false cond'n
        BSF     FuncBits,6               ; Setze Bit für T2
        goto    end_if          ; skip over false code.
false0:
; Snippet:       if (A <= D'80')
; Inputs:        TEMP

        movf    TEMP, W
        sublw   D'80'           ; W = D'80'-A
        btfss   STATUS, C       ; Check for borrow..
        goto    false1          ; C=0, A>D'80', false cond'n
        BSF     FuncBits,5      ; Setze Bit für T3
        goto    end_if          ; skip over false code.
false1:
; Snippet:       if (A <= D'140')
; Inputs:        TEMP
        movf    TEMP, W
        sublw   D'140'          ; W = D'140'-A
        btfss   STATUS, C       ; Check for borrow..
        goto    false2          ; C=0, A>D'140', false cond'n
        BSF     FuncBits,4      ; Setze Bit für T4
        goto    end_if          ; skip over false code.
false2                          ; es wurde keine Taste gefunden
        btfss   HELP,0
        goto    SCANPB
        bsf     HELP,0          ; Merker Taste losgelassen gesendet
        goto    XMIT            ; Sende Taste losgelassen

end_if:
        goto    XMIT            ; Übertrage die ermittelten Daten
;****************** Ende der Auswertung ********************************
```

Wie man an den Überschriften *Snippet* in den einzelnen Schritten erkennt, wurden die Auswertungen mit der *Code Module Library* erzeugt. Um die Tasten immer sicher zu erfassen, wurden die Konstanten für die Auswertung der Spannungsbereiche etwas größer gewählt, als berechnet. Werden zwei oder mehr Tasten betätigt, erhält man mit dem vorgestellten Programm allerdings nicht immer das erwartete Ergebnis. Will man dies ebenfalls berücksichtigen, muss das Programm erweitert werden. So kann man z. B. ungültige Bereiche definieren, denen keine Tasten zugewiesen sind. Hier sollte man auch immer die reale Aufgabenstellung des Projekts mit einbeziehen, entscheiden, ob der Aufwand erforderlich ist, und wie man die Aufgabe, wenn sie benötigt wird, löst.

Treten Probleme mit dem Prellen einer Taste oder dem Einschwingen der Spannung auf, ist es am einfachsten, die Auswertung zwei Mal durchlaufen zu lassen und das Ergebnis nur zu übernehmen, wenn zwei aufeinanderfolgende Auswertungen dasselbe Ergebnis geliefert haben. Reicht dies immer noch nicht, kann man das auch öfters machen oder zwischen den Auswertungen eine bestimmte Zeit verstreichen lassen.

Noch etwas zum Toggeln der Tasten:
Unterlässt man das Senden von *Taste losgelassen*, ist der Empfänger mit dem vorgestellten Programm nicht in der Lage zu erkennen, dass die Taste, oder auch eine andere, erneut betätigt wurde.

```
false2                          ; es wurde keine Taste gefunden
        btfss   HELP,0
        goto    SCANPB
        bsf     HELP,0          ; Merker Taste losgelassen gesendet
        goto    XMIT            ; Sende Taste losgelassen
```

Abb. 11.13: Programmteil *Sende keine Taste* betätigt

Die mit *Taste losgelassen* übertragene *0* (Null) im Register *FuncBits* setzt den Toggel-Merker für die Taste im Empfänger zurück.

Da hier die Programme des Senders und des Empfängers ineinandergreifen, ist eine Vielzahl von Lösungen möglich. Es muss dabei nur beachtet werden, wie man die zu übertragenden Daten definiert hat und was in welchem Programmteil erledigt wird. In dieser Lösung erfolgt in beiden Controllern eine gewisse Auswertung zu den Tasten. Organisiert man hier seine Programmdokumentation nicht wirklich einwandfrei, kann man schon mal einen Fehler an einer völlig falschen Stelle suchen.

Selbstverständlich könnte man die Aufgabenstellung auch völlig anders betrachten und einen ganz anderen Lösungsweg gehen. Der hier gezeigte soll nur exemplarisch für eine mögliche Lösung stehen.

11.4 Die Schaltung für den Empfänger

Um das Programm des Empfängers etwas übersichtlicher zu gestalten, sollen nicht die Leuchtdioden des PICkit1 angesteuert werden, sondern die Ausgänge RC0 und RC2 bis RC4 zum Einsatz kommen. Hierfür können zusätzliche LEDs auf dem Erweiterungsteil des PICkits1 montiert werden, oder man baut sich schnell eine kleine zusätzliche Testplatine auf, die man auch für die weiteren Beispiele nutzen kann.

Jede der vier Leuchtdioden sollte dabei einen eigenen Vorwiderstand von mindestens 300 Ohm erhalten. Es sei hier daran erinnert, dass die Leuchtdioden in dieser Schal-

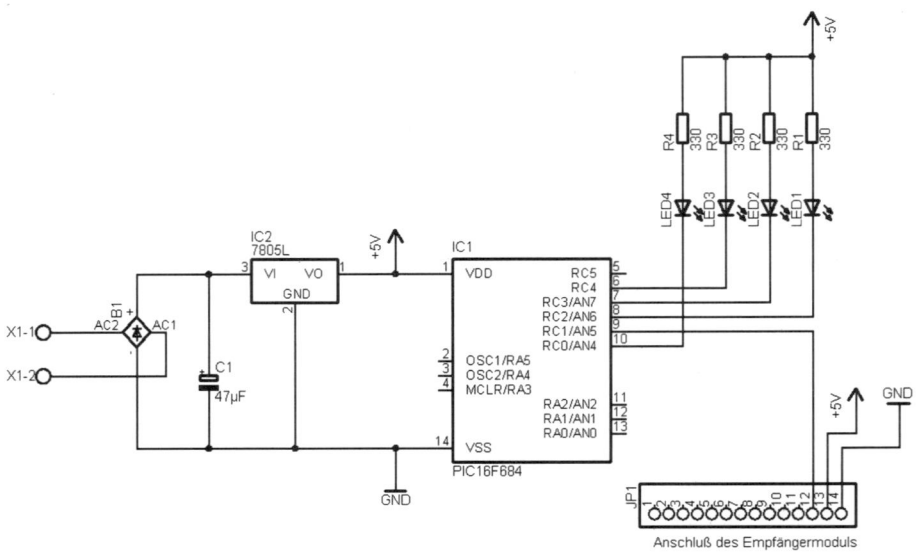

Abb. 11.14: Schaltplan zum Empfänger

tung leuchten, wenn der Ausgang <u>nicht</u> gesetzt ist. Diese inverse Logik folgt der Tatsache, dass die PICs auf diese Weise eine höhere Strombelastung vertragen.

Möchte man das Programm nur kurz testen und die Funktion einmal durchspielen, kann man sich auch mit dem PICkit1 und einem Multimeter an den Ausgängen behelfen.

Der Ausgang RC5 ist hier absichtlich noch frei geblieben, da er später noch für andere Zwecke benötigt wird.

Baut man diese Schaltung als Test-Board auf einer eigenen Platine auf, wird die Betriebsspannung an den Klemmen X1-1 und X1-2 angeschlossen. Benutzt man, wie vorgeschlagen, auch einen Gleichrichter am Eingang, kann die Betriebsspannung im Bereich von 6 bis etwa 20 V Wechselspannung liegen. Die maximal zulässige Spannung hängt dabei auch von der Spannungsfestigkeit des Kondensators C1 ab. Dabei muss man aber bedenken, dass die aus einer Wechselspannung resultierende Gleichspannung immer um den Wert $\sqrt{2}$, also etwa 1,414-mal größer ist als die angelegte Spannung.

Für die, die sich das Ganze leichter machen wollen, hier ein kleiner Tipp aus der Trickkiste der Faulen: Jeder USB-Anschluss an einem PC liefert die ideale Spannung für Mikrocontroller, nämlich genau 5 V. Man schneidet dann den Stecker auf der Geräteseite ab und hat so eine gebrauchsfertige Spannungsversorgung für Testplatinen. Im Elektronikhandel kosten diese Kabel, im Gegensatz zu manchen PC-Geschäften, nur einige Cent.

Um nun den PC nicht jedes Mal durch einen Kurzschluss zu gefährden, eignet sich noch viel besser ein externer USB-Hub mit eigener Spannungsversorgung, der schon für wenig Geld überall erhältlich ist. Natürlich muss der USB-Hub für diese Anwendung nicht unbedingt am PC angeschlossen sein. Meist liegen die 5 V auf den Kabeln rot und schwarz. Aber hier sollte man auf Nummer sicher gehen und lieber nachmessen, wie es sich bei dem verwendeten Kabel wirklich verhält.

11.5 Programmänderung am Empfänger

Zuerst sollte man alles, was die Leuchtdiodenansteuerung für das PICkit1 betrifft, löschen. Das erleichtert es, die eigenen Änderungen in das Programm einzuarbeiten. Die eigentliche Programmanpassung ist recht übersichtlich. Es muss lediglich bedacht werden, in welcher Form und Reihenfolge die Daten übertragen werden. Aus der Übersicht des Bitstreams kann man deutlich erkennen, an welcher Position die benötigten Informationen über die Tasten zu finden sind.

```
;****************** RECEIVED DATA BREAKDOWN **************
;             DATA1
;bytes|       FuncBits          |        DATA0          |
;bits | 7| 6| 5| 4| 3| 2| 1     | 0| 7| 6| 5| 4| 3| 2| 1| 0 |
;desc.|T1|T2|T3|T4|  |    SERIAL NUMBER                 |

;bytes|       DATA3             |        DATA2          |
bits | 7| 6| 5| 4| 3| 2| 1| 0| 7| 6| 5| 4| 3| 2| 1| 0|
;desc. |                 COUNTER                        |
```

Abb. 11.15: Bitpositionen der übertragenen Daten

In der Darstellung sieht man, dass die Information zu den Tasten in dem Byte *FuncBits* übertragen wird. Dieses Byte entspricht im Empfänger dem Register *DATA1*. Aus dem Senderprogramm ist auch bekannt, dass nach jedem Loslassen noch eine Übertragung erfolgt, (Taste losgelassen) in der das Bit für die betätigte Taste im Register *Funcbits* wieder zurückgesetzt wird. Das bedeutet, dass im Empfänger für jede Taste ein bi-stabiles FlipFlop programmiert werden muss, in dem das entsprechende Ausgangs-Bit toggelt. Das eigentliche Toggeln eines Ausgangs kann man auch wieder mit der Code Library als Schnipsel erstellen.

Hier nun ein passender Programmteil:

```
Tasten
; Auswertung Taste 1
      btfsc    DATA1,7         ; Ist das Bit für die Taste gesetzt?
      goto     SET1            ; ja,
      bcf      HELP,1          ; nein: lösche Merker Taste wurde freigegeben
      goto     Taste2          ; springe zur nächsten Tastenauswertung
```

```
SET1
        btfsc   HELP,1          ; war die Taste schon betätigt?
        goto    Taste2          ; nein: dann
        btfss   RC2
        goto    $+4             ; Must skip next 3 instr
        btfsc   RC2
        bcf     RC2
        goto    $+2             ; Must skip over next instr
        bsf     RC2
        bsf     HELP,1          ; setze Merker Taste ist betätigt
Taste2
; Auswertung Taste 2
        btfsc   DATA1,6         ; Ist das Bit für die Taste gesetzt?
        goto    SET2            ; ja: dann
        bcf     HELP,2          ; nein: lösche Merker Taste wurde freigegeben
        goto    Taste3          ; springe zur nächsten Tastenauswertung
SET2
        btfsc   HELP,2          ; war die Taste schon betätigt?
        goto    Taste3          ; nein: dann
        btfss   RC3
        goto    $+4             ; Must skip next 3 instr
        btfsc   RC3
        bcf     RC3
        goto    $+2             ; Must skip over next instr
        bsf     RC3
        bsf     HELP,2          ; setze Merker Taste ist betätigt

; Auswertung Taste 3
Taste3  btfss   DATA1,5 ;       Ist das Bit für die Taste gesetzt?
        goto    SET3            ; ja: dann
        bcf     HELP,3          ; nein: lösche Merker Taste wurde freigegeben
        goto    Taste4          ; springe zur nächsten Tastenauswertung
SET3
        btfsc   HELP,3          ; war die Taste schon betätigt?
        goto    Taste4          ; nein: dann
        btfss   RC4
        goto    $+4             ; Must skip next 3 instr
        btfsc   RC4
        bcf     RC4
        goto    $+2             ; Must skip over next instr
        bsf     RC4
        bsf     HELP,3          ; setze Merker Taste ist betätigt
; Auswertung Taste 4
Taste4  btfss   DATA1,4 ;       Ist das Bit für die Taste gesetzt?
        goto    SET4            ; ja: dann
        bcf     HELP,4          ; nein: lösche Merker Taste wurde freigegeben
        goto    next            ; springe zum Ende
SET4
        btfsc   HELP,4          ; war die Taste schon betätigt?
        goto    next            ; nein: dann
        btfss   RC0
        goto    $+4             ; Must skip next 3 instr
```

```
        btfsc    RC0
        bcf      RC0
        goto     $+2                ; Must skip over next instr
        bsf      RC0
        bsf      HELP,4             ; setze Merker Taste ist betätigt
next                               ; Ende der Auswertung
```

Das gesamte Programm findet man, wie alle anderen Programme, auf der *CD* zum Buch in dem Verzeichnis: :/Programme

Die Auswertung für alle vier Tasten ist bis auf die Port- und Hilfe-Bits identisch. Das Hilfe-Bit entspricht einem Merker, der dazu dient, dass das Ausgangs-Bit nur toggelt, wenn die Taste erneut betätigt wird und das Programm nicht nur den Bereich abarbeitet. Ließe man dieses Bit weg, würde die Leuchtdiode sehr schnell blinken und das Schaltergebnis am Ende des Tastendrucks wäre zufällig und abhängig von der Anzahl der Übertragungen.

Mit den vorgestellten Programmen ist man nun in der Lage, die am Anfang gestellte Aufgabe zu lösen, ein Bit zu übertragen, um Lampen zu schalten.

12 Grundlagen zur PWM

Wer sich mit Elektronik beschäftigt, wird von *Pulsweitenmodulation* – kurz *PWM* – schon einmal gehört haben. Hier soll es nicht um die elektrischen Grundlagen zur PWM im Detail gehen. Es wird vielmehr auf die vielen kleinen Bits und Bytes, die für die Konfiguration des PWM-Moduls eines PIC-Controllers benötigt werden, eingegangen. Diese werden an kleinen Beispielen erklärt. Diese Grundeinstellungen lassen sich auf viele weitere PIC-Mikrocontroller übertragen. Sie unterscheiden sich meist nur in einigen Details. Je moderner oder größer der Controller ist, desto mehr Einstellmöglichkeiten stehen meist zur Verfügung. Vor allem bei den großen dsPiCs gibt es einige Controller, die ihren Schwerpunkt im Bereich der PWM-Erzeugung für die Motorsteuerung haben.

Einen grundlegenden Einfluss auf die zu erstellende Konfiguration hat dabei der Hardwareaufbau des zu steuernden Leistungsteils der PWM. Soll nur eine Lampe oder LED gedimmt werden, reicht in der Regel ein normaler Treiber, oder auch schon der Ausgangspin des Controllers selbst, aus. Anders ist es, wenn Motoren, und diese dann noch in der Drehrichtung veränderlich, gesteuert werden sollen. Hier spielt zusätzlich auch die Bauart des Motors eine Rolle.

Dazu werden z. B. bei einem Gleichstrommotor vier Schalter benötigt, bei denen es sich meist um Leistungstransistoren oder Ähnliches handelt. Diese Schalter müssen alle zeitlich individuell angesteuert werden, damit sie im Betrieb nicht durch Kurzschlüsse zerstört werden. Dazu sind die Schalt- und Erholzeiten der Halbleiter im Leistungteil bei der Ansteuerung durch einen Mikrocontroller zu berücksichtigen. Große Controller haben für diese Zeiten oft spezielle Register, da hier eine reine Software-Lösung oft nicht ausreicht, weil diese Zeiten sehr klein sind.

Man kann sich das Erzeugen eines PWM-Signals einfacher machen und auf integrierte Bausteine zurückgreifen. Mit dem LMD18201T als Vollbrücke oder dem L298 mit zwei integrierten Halbbrücken lassen sich auch kleine Motoren gut ansteuern.

Der LMD18201 bietet den Vorteil, dass er von Haus aus schon kurzschlussfest ist und noch etwas einfacher angesteuert werden kann. Der Baustein kostet leider aber auch einiges mehr als der L298.

Nun zur Konfiguration des PWM-Moduls im Controller. Selbst bei dem eigentlich doch recht kleinen PIC16F684 können schon bis zu 18 Register an Betrieb und Konfiguration des PWM-Moduls beteiligt sein.

Alle nicht grau hinterlegten Felder in der Tabelle 12.1 können einen Einfluss auf das PWM-Modul des Controllers haben. Zeitlich gesteuert wird das PWM-Modul durch den Timer 2. Diese Zuordnung lässt sich auch nicht durch Einstellungen ändern.

TABLE 11-5: **SUMMARY OF REGISTERS ASSOCIATED WITH CAPTURE, COMPARE AND PWM**

Name	Bit 7	Bit 6	Bit 5	Bit 4	Bit 3	Bit 2	Bit 1	Bit 0	Value on: POR, BOR	Value on all other Resets
CCPR1L	Capture/Compare/PWM Register 1 Low Byte								xxxx xxxx	uuuu uuuu
CCPR1H	Capture/Compare/PWM Register 1 High Byte								xxxx xxxx	uuuu uuuu
CCP1CON	P1M1	P1M0	DC1B1	DC1B0	CCP1M3	CCP1M2	CCP1M1	CCP1M0	0000 0000	0000 0000
CMCON0	C2OUT	C1OUT	C2INV	C1INV	CIS	CM2	CM1	CM0	0000 0000	0000 0000
CMCON1	—	—	—	—	—	—	T1GSS	C2SYNC	---- --10	---- --10
ECCPAS	ECCPASE	ECCPAS2	ECCPAS1	ECCPAS0	PSSAC1	PSSAC0	PSSBD1	PSSBD0	0000 0000	0000 0000
INTCON	GIE	PEIE	T0IE	INTE	RAIE	T0IF	INTF	RAIF	0000 0000	0000 0000
PIE1	EEIE	ADIE	CCP1IE	C2IE	C1IE	OSFIE	TMR2IE	TMR1IE	0000 0000	0000 0000
PIR1	EEIF	ADIF	CCP1IF	C2IF	C1IF	OSFIF	TMR2IF	TMR1IF	0000 0000	0000 0000
PR2	Timer2 Module Period Register								1111 1111	1111 1111
PWM1CON	PRSEN	PDC6	PDC5	PDC4	PDC3	PDC2	PDC1	PDC0	0000 0000	0000 0000
T1CON	T1GINV	TMR1GE	T1CKPS1	T1CKPS0	T1OSCEN	T1SYNC	TMR1CS	TMR1ON	0000 0000	uuuu uuuu
T2CON	—	TOUTPS3	TOUTPS2	TOUTPS1	TOUTPS0	TMR2ON	T2CKPS1	T2CKPS0	-000 0000	-000 0000
TMR1L	Holding Register for the Least Significant Byte of the 16-bit TMR1 Register								xxxx xxxx	uuuu uuuu
TMR1H	Holding Register for the Most Significant Byte of the 16-bit TMR1 Register								xxxx xxxx	uuuu uuuu
TMR2	Timer2 Module Register								0000 0000	0000 0000
TRISA	—	—	TRISA5	TRISA4	TRISA3	TRISA2	TRISA1	TRISA0	--11 1111	--11 1111
TRISC	—	—	TRISC5	TRISC4	TRISC3	TRISC2	TRISC1	TRISC0	--11 1111	--11 1111

Legend: - = Unimplemented locations, read as '0', u = unchanged, x = unknown. Shaded cells are not used by the Capture, Compare and PWM.

Abb. 12.1: Übersicht der Register zur PWM bei dem 16F684

Die Grundfrequenz der PWM ist abhängig von der Controller-Frequenz und der Konstanten, mit der der Timer 2 jedes Mal geladen wird. Dazu findet man im Datenblatt auf Seite 83 eine übersichtliche Tabelle. Für welche PWM-Frequenz man sich entscheidet, ist auch anwendungsabhängig.

Da der PIC16F684 in den Beispielen aber immer mit seinen internen 4 MHz arbeitet, kann man die Werte nicht direkt aus der Tabelle ablesen. Am einfachsten ist es, wenn man die TABLE 11-2 nimmt und die PWM-Frequenz durch fünf teilt. So erhält man die PWM-Frequenz bei 4 MHz.

TABLE 11-2: **EXAMPLE PWM FREQUENCIES AND RESOLUTIONS (FOSC = 20 MHz)**

PWM Frequency	1.22 kHz	4.88 kHz	19.53 kHz	78.12 kHz	156.3 kHz	208.3 kHz
Timer Prescale (1, 4, 16)	16	4	1	1	1	1
PR2 Value	0xFF	0xFF	0xFF	0x3F	0x1F	0x17
Maximum Resolution (bits)	10	10	10	8	7	6.6

TABLE 11-3: **EXAMPLE PWM FREQUENCIES AND RESOLUTIONS (FOSC = 8 MHz)**

PWM Frequency	1.22 kHz	4.90 kHz	19.61 kHz	76.92 kHz	153.85 kHz	200.0 kHz
Timer Prescale (1, 4, 16)	16	4	1	1	1	1
PR2 Value	0x65	0x65	0x65	0x19	0x0C	0x09
Maximum Resolution (bits)	8	8	8	6	5	5

Abb. 12.2: Tabelle zu den möglichen PWM-Frequenzen

Im ersten Beispiel wird der Timer 2 immer mit dem Wert 0xff vorgeladen. Der Teiler für den Timer 2 steht fest auf eins, womit man eine PWM-Frequenz von 3,906 kHz erhält.

Reicht die Tabelle nicht zur Bestimmung des PWM-Moduls aus, gibt es zu allen Zeilen der Tabelle je eine allgemeine Formel, die man im Datenblatt auf der Seite 83 findet.

Hier nun die Configuration des PWM-Moduls des 16F684 im Detail für den Betrieb als Anzeige, wie sie im folgenden Beispiel eingesetzt wird.

```
;       Configuration des PWM Moduls
;
; PWM vorbereiten
; Vorteiler 1:1 und Timer2 einschalten
        BCF     T2CON,T2CKPS0           ; für Vorteiler = 1:1
        BCF     T2CON,T2CKPS1
        BSF     T2CON,TMR2ON            ; Timer2 ein

; Frequenz auf 3,9 kHz einstellen
        BSF     STATUS,RP0             ; Auswahl Bank1
        MOVLW   0xFF                   ; Laden der Zählerkonstanten
        MOVWF   PR2                    ; ergibt bei 4 MHz = 3,906 kHz
        BCF     STATUS,RP0             ; zurück zur Bank0

; PWM MODE mit CCP1 initialisieren
        CLRF    CCP1CON               ; lösche CCP1
        BSF     CCP1CON,CCP1M3        ; setze CCP1 Bits für
        BSF     CCP1CON,CCP1M2        ; PWM-Mode


        BSF     INTCON, GIE           ; erlaube globale Interrupts
```

Abb. 12.3: Konfiguration des PWM-Moduls im PIC 16F684

Hiermit ist nun das PWM-Modul betriebsbereit. Um nun z. B. die Helligkeit einer angeschlossenen Leuchtdiode zu steuern, muss dazu das Register *CCPR1L* oder *CCPR1H* mit unterschiedlichen Werten geladen werden. Dabei verändert sich die Grundfrequenz von 3,906 kHz aber nicht.

13 Das PWM-Modul als Hilfsmittel

Damit man eine Datenübertragung messen und auch auf Bitebene auswerten kann, wird meist aufwendige Messtechnik benötigt, die sicher nicht jedem Bastler zur Verfügung steht. Dann ist es vorteilhaft, wenn man sich mit einfachen Dingen weiterhelfen kann.

Im letzten Beispiel wurden einzelne Bits übertragen, die direkt Ausgänge des Mikrocontrollers schalteten. Hier sah man sofort, ob die Datenübertragung arbeitete. Sollen die übertragenen Bits aber nur intern verarbeitet werden, ist es oft schwer zu beurteilen, ob dies korrekt arbeitet. Steht dabei kein Debugger oder Ähnliches zur Verfügung, ist es hilfreich, sich einzelne Bits zur Kontrolle zeitweise auf einem Ausgangs-Pin anzeigen zulassen.

Wie ist es aber, wenn man analoge Werte optisch darstellen möchte? In dem vorgestellten Demoprogramm werden dazu acht Leuchtdioden an vier Ausgängen mit einem erheblichen Softwareaufwand benötigt. Meist hat man in eigenen Projekten aber nur einen oder vielleicht auch zwei Pins frei und möchte nicht viel Zeit und auch noch Speicherplatz für die entsprechende Programmierung der Leuchtdioden opfern. Eine Lösung wäre es, dies über das PWM-Modul des PIC zu realisieren. Hier werden lediglich ein Pin und zwei oder drei zusätzliche Befehle in der Software benötigt. Voraussetzung ist natürlich, dass es ein PWM-Modul im Controller gibt und es für solche Zwecke zur Verfügung steht.

Die Idee dahinter ist einfach: Ist der analoge Wert, der dargestellt werden soll, klein, ist die LED recht dunkel. Je näher der Wert der Zahl 255 kommt, desto heller wird die Leuchtdiode. Hat man nun noch ein Oszilloskop zur Verfügung, kann man über das Ein-/Ausschaltverhältnis den Wert noch sehr viel genauer bestimmen.

In dem kleinen Programm namens *pwm_only.asm* auf der CD zum Buch, das für einen 16F684 geschrieben ist, kann man sich anschauen, wie das gemeint ist. In dem Programm ist das PWM-Modul so konfiguriert, dass es mit 3,906 kHz das Daten-Byte *DATA3* – dies ist der Analogwert des Potis auf dem rf-Sender – über das PWM-Register ausgegeben wird. Als Sendeprogramm kann das unveränderte *xmit_demo.asm* eingesetzt werden. Dreht man an dem Poti auf der rf-Sendeplatine, soll sich die Helligkeit einer an dem Pin 5 (P1A) des PIC16F684 angeschlossenen Leuchtdiode ändern.

Neben der Konfiguration des PWM-Moduls werden in dem Beispiel *pwm_only.asm* lediglich noch zwei Programmzeilen zum Laden des Daten-Registers *DATA3* ins PWM-Register benötigt.

```
movfw   DATA3          ; Laden der Daten aus dem Empfangsregister
movwf   CCPR1L         ; Variable für das Tastverhältnis
comf    CCPR1L,1       ; Optional für die Helligkeitsrichtung
```

Die dritte Zeile *comf   CCPR1L,1* ist optional. Durch Invertieren des PWM-Registers lässt sich die Richtung der Helligkeit für die Leuchtdiode entsprechend der Drehrichtung am Poti anpassen.

Erweitert man nun noch den bekannten Schaltplan um eine weitere LED am Pin RC5 für die Visualisierung des Analogwerts über den PWM-Ausgang P1A, sieht die Schaltung folgendermaßen aus:

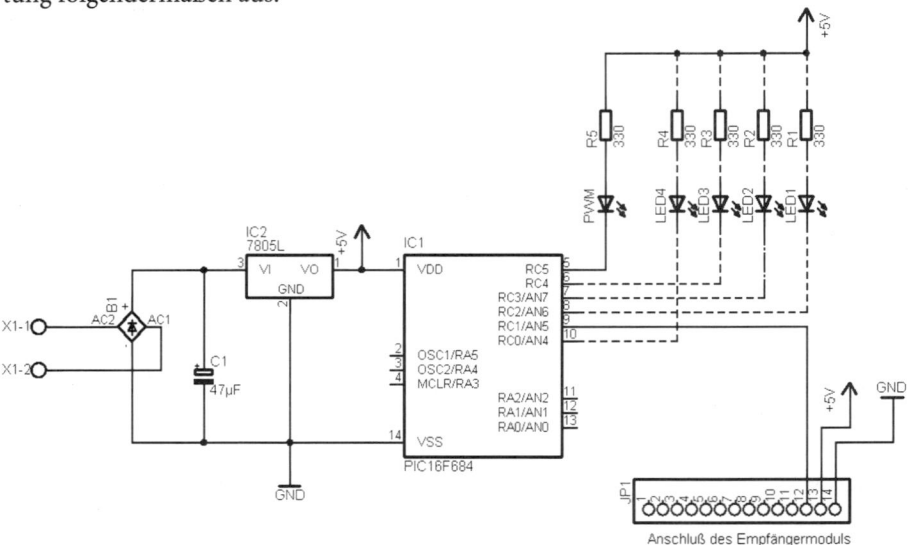

Abb. 13.1: Erweiterter Schaltplan zum 16F684 als Empfänger

Den Anschluss der Leuchtdioden an die Betriebsspannung sollte man so gestalten, dass man ihn auch leicht wieder ändern kann. Hier wird noch eine kleine Erweiterung erfolgen. In dem folgenden Oszilloskop-Bild kann man sich das Prinzip zum Ablesen des Analogwerts noch einmal ansehen. Diese Messung kann man selbst mit einem einfachen analogen Gerät vornehmen, da es sich bei der PWM um ein kontinuierliches (sich immer wiederholendes) Signal handelt.

Im unteren Displayfeld *M3* ist der übertragene Wert *0* (Null) und die Leuchtdiode ist aus. In dem Displayfeld *M2*, das darüber liegt, beträgt der Wert 255. Damit man auch hier nur eine durchgehende Linie sehen würde, müsste das PWM-Modul mit zehn Bit geladen werden. Wenn man die Ausrichtung, wie hier erfolgt, richtig wählt, spielen diese zwei Bits aber eine so geringe Rolle, dass man sie für eine tendenzielle Betrachtung des Analogwerts auch vernachlässigen kann.

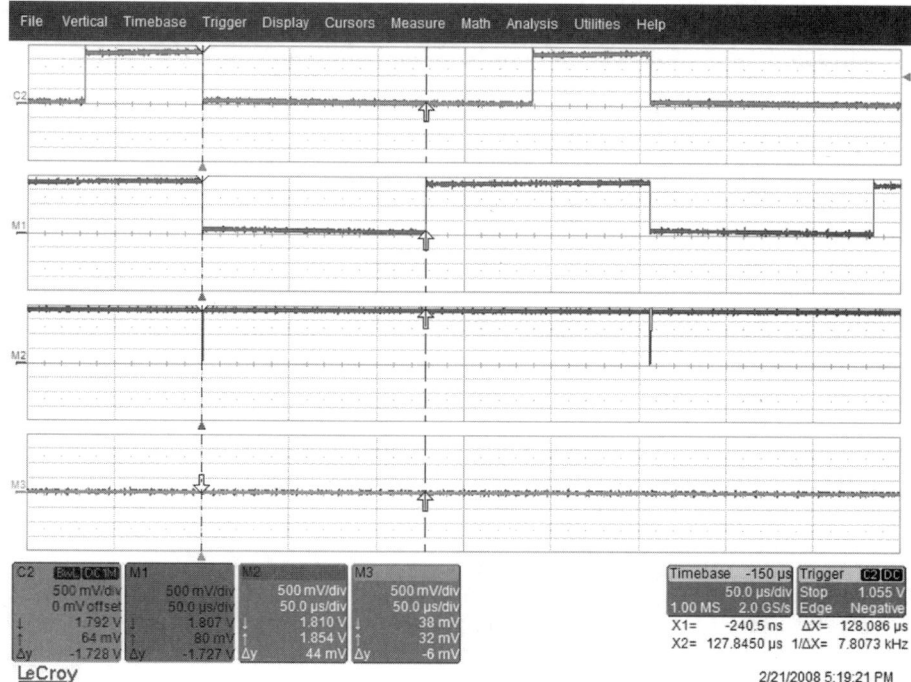

Abb. 13.2: Analogwerte als PWM-Verhältnis

Im Displayfeld *M1* beträgt das Ein-/Ausschaltverhältnis 50 %, was einem übertragenen Wert von Dezimal 128 entspricht. Hat man in dem Oszilloskop, wie hier, zwei Cursors für Messungen zur Verfügung, kann man, da die Zeit des Verhältnisses in µ-Sekunden proportional zum analogen Wert ist, diesen Wert als ΔX unten rechts im Display ablesen. Die Ausschaltzeit des PWM-Signals entspricht also von der Größe her dem übertragenen analogen Wert in Register *DATA3*.

Dieses Verhältnis von Zeit zu Analogwert erreicht man aber nur bei einer Konfiguration des PWM-Moduls auf 3,906 kHz, denn der Kehrwert dieser Frequenz entspricht einer Zeit, und diese beträgt in diesem Fall genau 256,016 µSekunden.

Da aber mit nur acht Bit im PWM-Register nie eine Einschaltzeit von 100 % erreicht werden kann, wird auch nie eine Zeit von 256 µSekunden (was einem analogen Wert von 256 entsprechen würde) erreicht. Schaut man sich das Signal an dieser Stelle genauer an, sieht man, dass die verbleibende Ausschaltzeit genau eine µSekunde beträgt und damit die Welt für eine 8-Bit-Betrachtung wieder in Ordnung ist. Dies ist im unteren Displayfeld mithilfe der Cursors leicht abzulesen.

Wer diese Messungen mit einem einfachen oder auch vielleicht schon älteren Scope durchführt, wird vielleicht nicht diese Exaktheit auf ein Bit genau erreichen, aber man

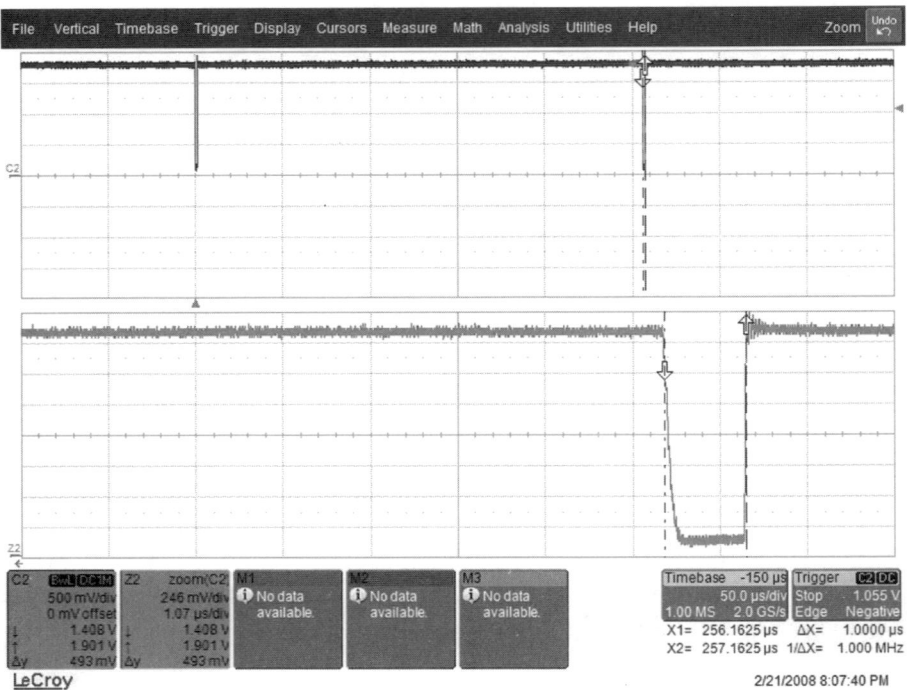

Abb. 13.3: Ausschaltzeit beim Laden des PWM-Registers mit 255

ist damit doch in der Lage, mehr als eine Funktionskontrolle durchzuführen. Hat man keinen so hilfreichen Cursor, wie den zuvor gezeigten, kann man sich mit etwas Mathematik behelfen. Geht man wieder von einer 8-Bit-Auflösung aus und bemüht den Dreisatz dazu, kann man, da die Grundfrequenz und ihre Zeit bekannt sind, auch alle Zwischenwerte errechnen.

Die beiden Grenzwerte *ein* und *aus* entsprechen dem übertragenen Wert *255* und *0* (Null). Das bedeutet, dass eine Einschaltzeit von vereinfacht 100 % einem übertragenen Wert von 255 entspricht. Eine Einschaltzeit von 50 % entspricht dann dem übertragenen Wert von 127. Alle Werte dazwischen lassen sich dann nach folgender Formel berechnen:

$$Ana \log wert = \frac{255}{100} * x\%$$

Der andere und noch einfachere Weg wäre, einfach nur die Ausschaltzeit zu bestimmen. Sie entspricht immer dem übertragenen analogen Wert.

14 Einen Wert mit Vorzeichen übertragen

Wird ein Wert mit Vorzeichen übertragen, kann es sich um eine Temperatur, eine Geschwindigkeit, irgendeine andere Stellgröße oder einen Istwert handeln. Aber wenn man es genauer betrachtet, ist es eigentlich immer nur ein Zahlenwert. Was die Zahl bedeutet, spielt bei der Übertragung in der Regel keine Rolle. Was aber von Bedeutung sein kann, ist das Vorzeichen, das in der Regel in einem eigenen Bit übertragen wird. Als Nächstes soll nun ein vorzeichenbehafteter Zahlenwert übertragen werden. Dieser Wert soll als Beispiel für eine Geschwindigkeitsvorgabe und die dazugehörende Drehrichtung stehen.

Um das Ganze etwas interessanter zu gestalten, soll als Geber nur eines der beiden Potis auf der rf-Sendeplatine benutzt werden. Für die Übertragung stehen auch nur 8 Bits zur Verfügung: die Bits des Registers *DATA3*. Dadurch bleiben lediglich 7 Bits für den Geschwindigkeitswert und ein Bit für das Vorzeichen, das hier die Drehrichtung symbolisieren soll, übrig. Somit muss auf der Senderseite im Programm nichts geändert werden. Es kann hier wieder **unverändert** das Demo-Programm *xmit_demo.asm* eingesetzt werden.

Es mag so aussehen, als verhielte dasselbe Programm sich plötzlich anders. Dem ist natürlich nicht so! Es hängt lediglich von der Betrachtung des übertragenen Werts ab, wofür dieser stehen soll.

Zum Aktivieren des Senders muss selbstverständlich wieder die Taste betätigt werden, das spart Batterie. Das Poti liefert auch wieder seine Zahlenwerte von 0-255. Lediglich die Bedienung muss man sich nun etwas anders vorstellen. Die bedienungstechnische „Nullstellung" liegt jetzt in der Mittelstellung des Potis. Dreht man nach rechts, wird eine rote LED langsam heller. Dreht man hingegen nach links, bleibt die rote LED dunkel. Dafür wird eine grüne Leuchtdiode, die die andere Drehrichtung symbolisiert, langsam heller. Das gleiche Programm, nur eine etwas andere Bedienungsphilosophie, und schon hat man eine ganz andere Funktionalität des Senders erreicht.

In der absoluten Mittelstellung des Potis wird nun z. B. der Wert bx10000000 übertragen. Abhängig von der Drehrichtung des Potis bleibt dieses obere Bit nun entweder immer gesetzt, oder es wird beim Drehen in die andere Richtung gelöscht. Das bedeutet, dass sich hinter diesem Bit für diese Aufgabe das Vorzeichen- oder das Drehrichtungs-Bit verbirgt.

In der Praxis wird es aber nahezu unmöglich sein, diese Mittelstellung immer genau zu treffen. Dazu muss man sich noch, abhängig von der realen Aufgabenstellung und den

Bedieneinrichtungen, gesondert Gedanken machen. Dies soll aber in diesem Beispiel nicht näher betrachtet werden. Rund um diesen fiktiven Nullpunkt werden die Leuchtdioden so kurz eingeschaltet sein, dass man es mit dem menschlichen Auge nicht mehr wahrnehmen und sie deshalb als ausgeschaltet betrachten kann.

Auf der Empfängerseite muss selbstverständlich etwas geändert werden, da sich die Betrachtung der übertragenen Bits nun völlig ändert. Da nur ein PWM-Modul zur Verfügung steht, das die Helligkeit steuern soll, muss als Erstes noch eine zusätzliche Steuerung zur Auswahl der beiden Leuchtdioden für die Drehrichtung geschaffen werden. Da aber ein Mikrocontroller für diese Aufgabe zur Verfügung steht, soll die Schaltung nicht mit zusätzlichen Logikbausteinen erweitert werden – auch wenn das durchaus eine akzeptable Möglichkeit wäre.

Am einfachsten ist es, wenn die zweite Seite der Leuchtdioden jeweils an einen weiteren Ausgangspin des Mikrocontrollers angeschlossen wird. Nur wenn dieser Ausgang zur entsprechenden Leuchtdiode *0* (Null) bzw. *LOW* ist, kann eine LED aufgrund ihrer Verdrahtung und ihrer elektrischen Eigenschaften leuchten. So ist es möglich, dass immer nur eine der zwei Leuchtdioden über das PWM-Modul in der Helligkeit gesteuert wird.

In einem Schaltplan sieht die Verdrahtung der zwei Leuchtdioden zum folgenden Programm dann so aus:

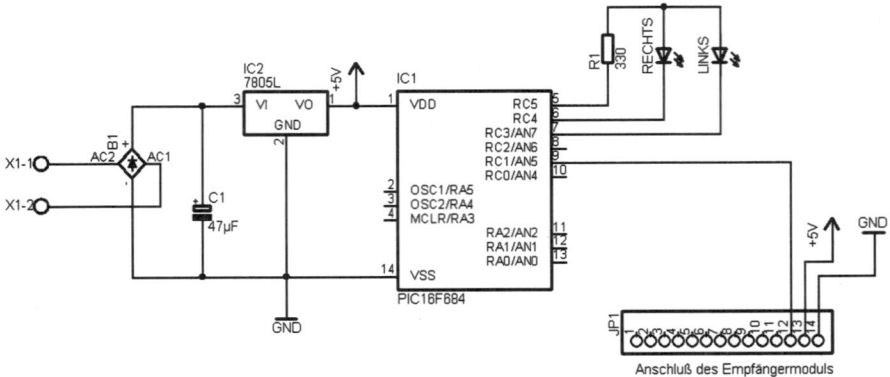

Anschluß des Empfängermoduls

Abb. 14.1: Schaltplan zur Geschwindigkeitsanzeige

Möchte man alternativ lieber Glühlampen anstelle der Leuchtdioden ansteuern, ginge das theoretisch auch, indem man die Pins des PIC-Mikrocontrollers wechselweise hochohmig (tristate) schaltet. Allerdings ist die Ausgangsleistung der Pins am Mikrocontroller nicht unbedingt ausreichend, um eine Glühlampe zu betreiben.

14.1 Das Empfängerprogramm

Alle Unterprogramme zum Datenempfang und auch das Bereitstellen der übertragenen Daten im Register *DATA3* können unverändert aus dem Demoprogramm übernommen werden. Lediglich die Betrachtung, was die einzelnen Bits in dem Register *DATA3* bedeuten sollen, muss verändert werden. Diese Auswertung des Registers *DATA3* bindet man ab dem Label *IMPLEMNT* als letzten Schritt nach dem Empfang der Daten in das Programm als Anwendungsteil ein.

Zu Beginn der Auswertung sollte man in diesem Fall das Vorzeichen-Bit auswerten, das mit in dem Daten-Byte übertragen wird. Dieses Bit steht in *DATA3,7*. Ausgeschrieben bedeutet das: in Register *DATA3* an der Position 7. Oder noch einmal anders gesagt: das siebte Bit im Register *DATA3*. Ist diese Auswertung erfolgt, sollte für die weitere Verarbeitung des Daten-Bytes das Bit 7 immer auf *0* (Null) gesetzt werden. Dies erreicht man am schnellsten, indem man das Bit gezielt löscht.

In der Programmgestaltung ist es am einfachsten, die Richtungsauswertung (die die Leuchtdioden *LINKS* und *RECHTS* steuern soll) mit einem der beiden Befehle *BTFSS* (z. B. für *RECHTS*) und dem Befehl *BTFFC* (z. B. für LINKS) zu erstellen. Hierzu wird einer dieser beiden Befehle auf das Bit *DATA3,7* angewendet. Die zweite Antwort ergibt sich von selbst und muss nicht noch gesondert ausgewertet werden.

Der Programmabschnitt zur Bestimmung der Richtung:

```
;****************************************************************

IMPLEMNT
; in DATA3,7 steht der gesuchte Wert
            BTFSS    DATA3,7          ; ist Bit 7 gesetzt
            GOTO     links            ; ja: gehe zu links

rechts      BSF      PORTC,3          ; Setze LED rechts
            BCF      PORTC,4
            GOTO     clear            ; Überspringe links
links
            BCF      PORTC,3          ; Setze LED links
            BSF      PORTC,4

clear
            BCF      DATA3,7          ; Lösche Bit 7 in DATA3

;****************************************************************
```

Abb. 14.2: Programmteil zur Erkennung der Drehrichtung

Nach erfolgter Auswertung kann das Bit 7, unabhängig vom empfangenen Zustand, mit *BCF DATA3,7* dann gelöscht werden. Lässt man es gesetzt, hat es später Einfluss auf die Helligkeit der LED oder die Geschwindigkeit des angeschlossenen Motors.

Nach dem Löschen des Bit 7 steht im Register *DATA3* nur noch der Betrag, der den Wert der Geschwindigkeit beschreibt. In diesem Beispiel wird dies über die Helligkeit der zwei LEDs dargestellt.

Um nun mit dem Betrag die Helligkeit zu steuern, muss beachtet werden, dass das Poti für den Sollwert in der Mittelstellung den gedachten Sollwert *0* (Null) liefert. Allerdings ist es, genauer betrachtet, der binäre Zahlenwert Bx10000000, was bedeutet, dass abhängig von der Drehrichtung nun die Zahl kleiner oder größer wird. Aber für die Anzeige soll der Wert aus dieser Position des Potis heraus immer größer werden.

Abb. 14.3: Poti auf der Sendeplatine in Mittelstellung

Zur Orientierung:
Auf den Potis befinden sich kleine Dreiecke. Sie sind um 90° zu der durchlaufenden Kerbe in der Plastikscheibe versetzt und zeigen die Stellung des Potis an.

Da das Vorzeichen aus der Zahl bereits entfernt wurde, kann dieses kleine Problem nun leicht gelöst werden. Da bereits eine Erkennung der Richtung stattgefunden hat, kann in Abhängigkeit dazu auch ein Drehen (Invertieren) der verbleibenden 7 Bits stattfinden. Dreht man das Poti auf dem Bild nach rechts, steigt die Spannung am Eingang des A/D-Wandlers. So können die Bits unverändert übernommen werden. Dreht man aber nach links, werden die Spannung und der erkannte Wert kleiner. Hier muss dann das Komplement mit dem Befehl *COMF DATA3,1* von dem Register erstellt werden. Das Ergebnis wird durch die Angabe einer *1* als Ziel für die Operation in dasselbe Register *DATA3* zurückgeschrieben. Das Ergebnis muss dann lediglich noch in das PWM-Modul transferiert werden.

Hier nun der komplette Anwenderteil des Programms:

```
;*******************************************************************************

IMPLEMNT                            ; in DATA3 steht der Wert
            BTFSS    DATA3,7        ; ist Bit 7 gesetzt
            GOTO    links          ; ja: gehe zu links
```

```
rechts          BSF     PORTC,3         ; Setze LED rechts
                BCF     PORTC,4
                GOTO    clear           ; Überspringe links
links
                BCF     PORTC,3         ; Setze LED links
                BSF     PORTC,4

                COMF    DATA3,1         ; Invertieren des Registers

clear
                BCF     DATA3,7         ; Lösche Bit 7 aus DATA3

;********************************************************************
```

Abb. 14.4: Einfügen der Invertierung des Registers DATA3 ins Programm

Um für die Helligkeitssteuerung der LEDs auch weiterhin mit acht Bits arbeiten zu können, multipliziert man den Betrag im Register *DATA3* mit zwei und schon kann man wieder die maximale Helligkeit erreichen. Da der Controller aber nicht über einen Multiplikationsbefehl verfügt, ist es am einfachsten, das Register *DATA3* auf sich selbst zu addieren. So hat man auf einfache Art eine Multiplikation mal zwei durchgeführt. Muss man eine Zahl mit 10 multiplizieren, kann man das auf die gleiche Art und Weise in einer Schleife lösen, indem man den Wert neunmal auf sich selbst addiert.

In den folgenden drei Zeilen wird noch die Multiplikation durchgeführt und das Ergebnis in das Register *CCPR1L* geschoben, das das Tastverhältnis der Pulsweitenmodulation bestimmt.

```
;********************************************************************
; Umrechnen der 7 Bits in 8 für PWM

        MOVFW   DATA3           : lade DATA3 in W-Register
        ADDWF   DATA3,0         ; addiere DATA3 mit dem W-Register

;***************Schieben des Analogwerts ins PWM Register****************

                                ; schiebe den berechneten Wert aus W nach CCPR1L
        MOVWF   CCPR1L          ; Variable für das Tastverhältnis der PWM

;********************************************************************
```

Abb. 14.5: Erweitern des Helligkeitswertes auf acht Bit

Die Multiplikation x2 erfolgt, wie beschrieben, durch eine Addition des Registers *DATA3* mit sich selbst. Die Angabe hinter dem Register *DATA3* beschreibt auch hier wieder das Ziel, wohin die Operation das Ergebnis ablegt.

Abb. 14.6: PICkit1 mit zwei zusätzlichen LEDs für die Drehrichtung

Löst man es auf diese Weise, muss man das Ergebnis nicht erst noch aus dem Register *DATA3* mit MOVFW in das W-Register laden, um es dann in ein neues Ziel zu verschieben. Dies geht selbstverständlich nur, wenn das ermittelte Ergebnis nicht weiter in dem Ursprungsregister benötigt wird.

15 Das rf-Kit in einer einfachen Anwendung

Als interessante und dennoch einfache Anwendung kommt folgend das rf-Kit an einer Autorennbahn zum Einsatz. Ziel ist es, auf die lästigen Kabel zu verzichten. Von der Aufgabenstellung liest es sich ganz einfach: Das Kabel wird entfernt und die Geschwindigkeit, ein analoger Wert, über eine Funkstrecke zu einer kleinen Zentrale geschickt, die das Signal dann auf die Straße bringt. So einfach das klingt: An einer realen und nicht mehr nur theoretischen Anwendung ergeben sich dann auch gleich die ersten kleinen Probleme ... und um diese wird es nun gehen.

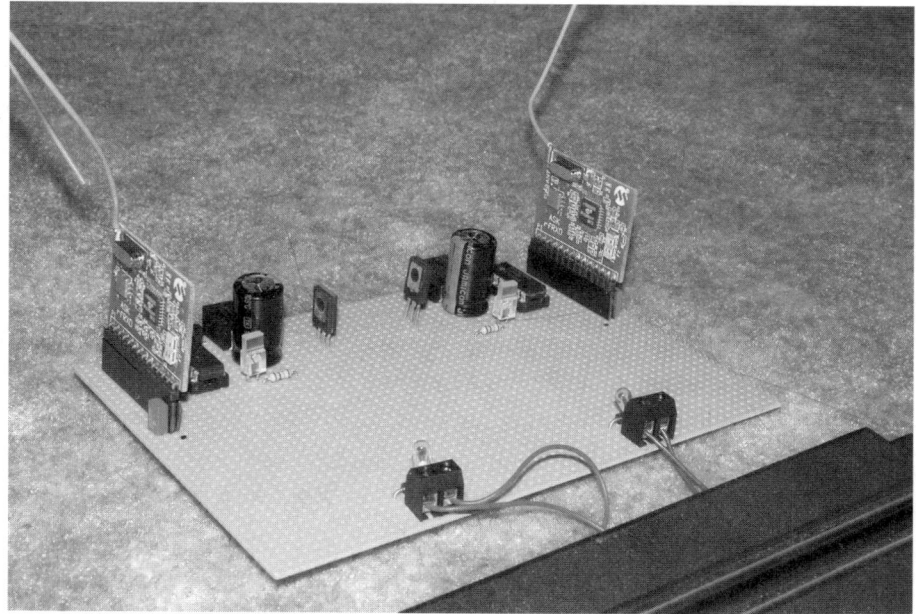

Abb. 15.1: Platine zur Autorennbahn

15.1 Der A/D-Wandler im 12F675x

Das Prinzip der originalen „Drücker" für die Geschwindigkeit ist einfach. Sie arbeiten als Vorwiderstand zu den Motoren im Auto, sind also recht niederohmig. Um hier eine einfache Lösung zu finden, hilft ein kurzer Blick auf Seite 41 des Datenblatts des PIC12F675x. Dort wird der Aufbau des Analogmoduls grafisch dargestellt.

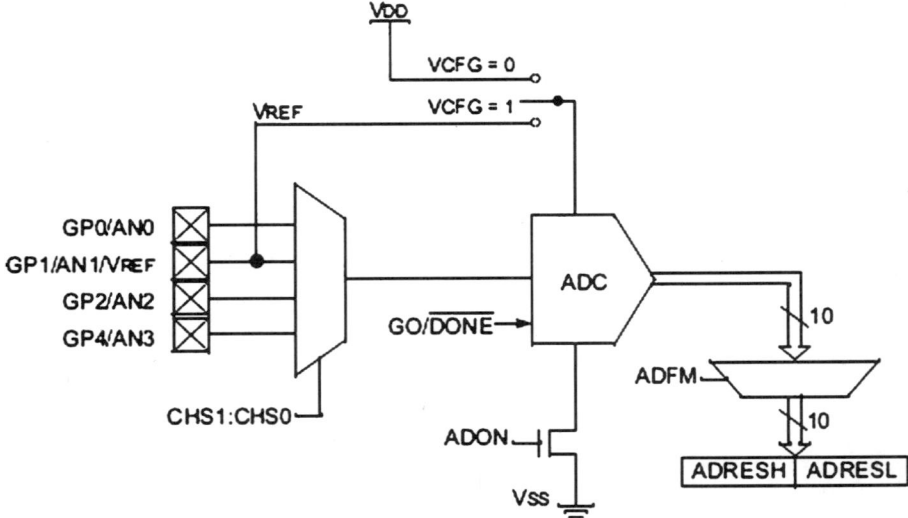

Abb. 15.2: Aufbau des Analogmoduls aus dem Datenblatt zum 12F675x

In der Darstellung kann man gut die Zusammenhänge der Konfigurations-Bits des A/D-Wandlers zur Arbeitsweise des Moduls erkennen.

Zuerst gilt es zu entscheiden, welchen Eingang man benutzen möchte. Sollen mehrere analoge Signale erfasst werden, muss man auch bedenken, dass aufgrund des Aufbaus die Erfassung nur nacheinander und nie gleichzeitig erfolgen kann. Dies muss man vor allem beachten, wenn die beiden Werte für eine Regelung z. B. miteinander verglichen werden sollen.

Die Auswahl des aktiven Eingangs erfolgt mit den zwei Bits *CHS0 : CHS1*, was für *Channel select* steht. Diese Bits, wie auch alle anderen, die in dem Bild dargestellt sind, findet man im Register *ADCON0*.

Ein- und Ausschalten kann man das Analogmodul über das Bit *ADON*. Ist das Modul eingeschaltet, kann eine Erfassung mit dem Bit *GO/DONE* gestartet werden. Nach Beendigung der Erfassung wird dieses Bit vom Controller automatisch und selbstständig wieder zurückgesetzt. Ebenso wird auch, wenn es aktiviert ist, das Interrupt-Bit *ADIF* in dem Register *PIR1* automatisch gesetzt. Mithilfe dieser beiden Bits ist es möglich, in der Software auf verschiedene Arten die „Fertigmeldung" des Analogmoduls zu erkennen und den erhaltenen Wert dann weiter zu verarbeiten. In welcher Weise das Ergebnis in den zwei Ausgaberegistern *ADRESH* und *ADRESL* zur Verfügung gestellt wird, kann mithilfe des Bits *ADFM* beeinflusst werden. Das Bit steuert die Orientierung des 10-Bit-Wandlerergebnisses in den zwei mal acht Bit großen Ausgaberegistern *ADRESH* und *ADRESL*.

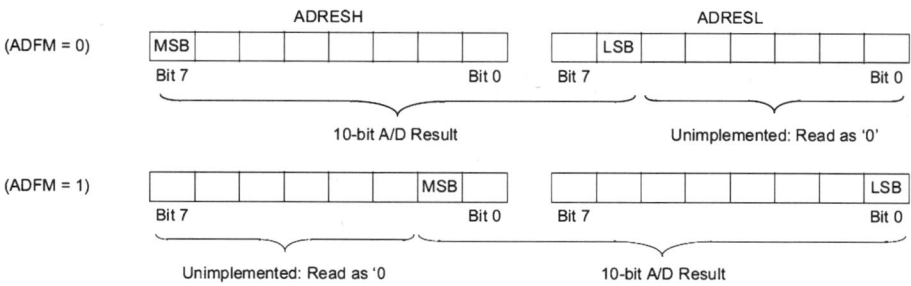

Abb. 15.3: Orientierung des Ergebnisses in den Registern ADRESH und ADRESL

Ist das Bit *ADFM* gesetzt, gilt die untere Darstellung der Ausrichtung. Die 10 Bit des Ergebnisses sind rechtsbündig in den zwei Registern ausgerichtet. Ist das Bit *ADFM 0* (Null), also nicht gesetzt, ist das Ergebnis nach links ausgerichtet. Für welche Einstellung man sich entscheidet, ist vor allem von der Anwendung abhängig. Bei einfachen Anwendungen, bei denen schon eine Auflösung von 8 Bit (was 256 Schritten entspricht) ausreicht, bietet sich die Ausrichtung nach links an. So hat man automatisch einen kleinen Filter im unteren Bereich. Kleine Spannungsschwankungen können so schon auf einfache Weise gefiltert und müssen nicht in der Software gesondert abgefangen werden.

Bei einer angenommenen Referenzspannung von 5 V hat man bei 10 Bits eine Auflösung von 0,0048 V pro Bit. Ignoriert man die zwei kleinsten Bits, können erst Spannungsänderungen ab 0,015 Volt erkannt werden, was aber schon für sehr viele Aufgabenstellungen ausreicht.

Möchte man nun die Auflösung des A/D-Wandlers an die besonderen Gegebenheiten des Projekts anpassen, ist dies durchaus möglich. Liegt z. B. die maximale Spannungsänderung, die erkannt werden soll, bei nur 0,05 Volt, wird man mit der Betriebsspannung als Referenz keine vernünftigen Ergebnisse mehr erhalten. Hierzu ist es aber möglich, wenn das Bit *VCFG* gesetzt wird, den Pin 18 als V_{REF} zu schalten. Dann dient die an diesem Pin anliegende Spannung als Referenz für den A/D-Wandler.

Ein Beispiel: Legt man an diesen Pin eine Spannung von 0,05 Volt an, ist es wieder möglich, eine Spannungsänderung von 0 bis 0,05 Volt in 1.024 Schritten aufzulösen.

Zu allen diesen Einstellungen müssen auch noch im Register *ANSEL* die entsprechenden Pins als analoger Eingang definiert werden. Dies geschieht über die Bits *ANS0 : ANS3*. Richtiger wäre hier eigentlich die Aussage, dass die analoge Funktion des Eingangs abgeschaltet werden kann, da diese Bits per Definition nach einem Reset immer gesetzt sind.

Mit den drei weiteren Bits in diesem Register *ADCS0 : ADCS2* kann die Zeit, die für die Wandlung des analogen Werts benötigt wird, bestimmt werden. Diese Konfigurations-Bits zu einem Analogmodul sind vom Prinzip her in jedem PIC-Mikrocontroller vorhanden, der über ein solches Modul verfügt. Lediglich die Anzahl der Bits und der Register ist abhängig von dem jeweiligen Controller-Typ.

Aufbauend auf diese Kenntnisse nun zurück zu dem Projekt „Autorennbahn". Da es sich bei dem „Drücker" nur um einen verstellbaren Widerstand und nicht um ein dreibeiniges Poti handelt, muss man die Schaltung an dieser Stelle etwas anpassen. Beachten sollte man bei allen rf-PIC-Anwendungen, dass es sich bei dem neuen „Drücker" um eine batteriegestützte Lösung handelt. Die Schaltung sollte also möglichst wenig Energie verbrauchen. Wenn man sich die Arbeitsweise des Widerstands im „Drücker" genauer anschaut, sieht man, dass er sich in den zwei Endstellungen wie ein Schalter verhält. Ist er geschlossen, kann, je nach Schaltung, eine recht große Menge Strom fließen. Ist er offen, kann überhaupt kein Strom mehr fließen. Das würde bedeuten, dass der Eingang des A/D-Wandlers in dieser Stellung offen ist. Da dies aber zu Fehlern führt, muss dieser Zustand vermieden werden.

Um diese beiden Endpunkte zu entschärfen, schaltet man vor den „Drücker" noch einen Widerstand, der im Kilo-Ohm-Bereich liegt. So begrenzt man den Stromfluss am einen Ende und auch der Eingang des Wandlers liegt nie in der Luft.

Im folgenden Schaltplan sind der verstellbare Widerstand des „Drückers" (15 Ohm) mit *R6* und der feste Widerstand (4k7) mit *R5* gekennzeichnet. Belässt man die Konfiguration des A/D-Moduls, wie sie bis jetzt war, würde die Betriebsspannung weiter als Referenz herangezogen werden. Das würde bedeuten, dass die Änderung am Eingang durch den „Drücker" mit maximal etwa 0,01 V von dem A/D-Wandler nicht mehr erkannt werden könnte. Baut man sich parallel zu dem Spannungsteiler aus R5 und R6 noch einen zweiten, gleich dimensionierten Spannungsteiler als Referenzspannung auf und legt diese dann auf Pin 18, erhält man wieder die volle Auflösung von 8 oder auch 10 Bits für diese kleine Spannung. Es muss dazu lediglich das Bit V_{REF} gesetzt werden.

Verändert sich im Laufe des Betriebs die Batteriespannung, verändern sich beide Spannungsteiler im gleichen Verhältnis. So muss diese Spannungsänderung nicht noch zusätzlich in der Software beachtet werden.

Damit man die „Drücker" leicht an die rf-Senderplatine anschließen kann, bietet es sich auch wieder an, den Stecker J2 zu benutzen. Ein passender Schaltplan findet sich weiter unten, zu dem auch die hier vorgestellte Software passt.

Natürlich kann man für den „Drücker" auch einen anderen A/D-Eingang benutzen, wenn man die Software entsprechend anpasst. Allerdings kann die Referenzspannung nur am Eingang *GP1* angeschlossen werden, denn hier besteht keine Möglichkeit, die Pinbelegung durch Konfigurations-Bits oder eine Softwareänderung zu ändern. Für eine reibungslose Funktion müssen dazu allerdings die Potis auf der rf-Platine ausgelötet werden.

Kommen wir wieder zur Software: Die Programmänderungen für diese Anwendung entfallen hauptsächlich auf den Konfigurationsteil. Von der Aufgabenstellung her ist es lediglich erforderlich, immer den aktuellen Sollwert (die gewünschte Geschwindigkeit) für das Auto zur Basisstation zu übertragen. So kann auch die Aus-

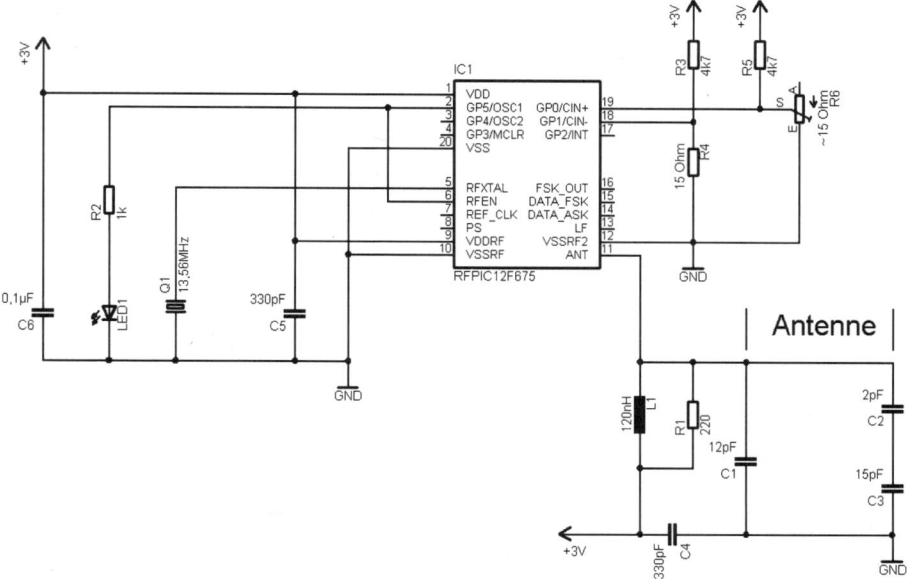

Abb. 15.4: Schaltplan für den Sender zur Autorennbahn

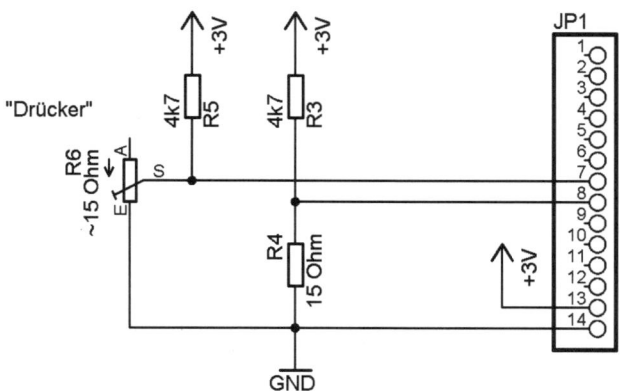

Abb. 15.5: Anschluss der „Drücker" an den Sender

wertung der zwei Tasten auf der Sendeplatine entfallen. Ansonsten wäre die Bedienung etwas kompliziert und man müsste beim Fahren immer zusätzlich die Sendetaste betätigen.

Der Hauptteil des Programms kann sich dann auf eine Zeile beschränken:

```
;------------------------------------------------------------------
; Main Program
;------------------------------------------------------------------

MAIN
   CALL READ_ANALOG                        ; Lese „Drücker"

;-------------------------------------------
; fill in transmission buffer
;-------------------------------------------

   XMIT
      ....                                 ; Sende Geschwindigkeit
```

Abb. 15.6: Programmteil des Senders für die Autorennbahn

Auf der Empfängerseite in der Basisstation kann das gleiche Programm wie in dem Beispiel zur Übertragung eines Analogwerts eingesetzt werden. Die beiden Programme für dieses Projekt findet man im Ordner *Autorennbahn*.

Da in dieser Anwendung nur ein Motor gepulst werden soll und keine Drehrichtung gesteuert werden muss, reicht als Leistungsteil schon ein einfacher Leistungstransistor aus, der an Pin 5 des PIC16F684 angeschlossen wird.

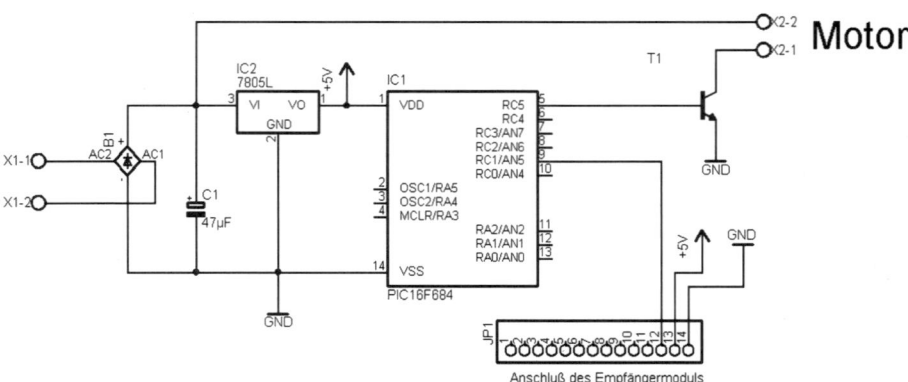

Abb. 15.6: Grundschaltplan für einen Leistungsteil zur Autorennbahn

16 Das Projekt Gartenbahn

Einziger, aber doch sehr entscheidender Unterschied zwischen den Projekten Garten- und Autorennbahn ist, dass hier zwei Fahrtrichtungen erzeugt werden müssen. Ferner soll es möglich sein, mit einem Sender wahlweise je einen von zwei Empfängern (in diesem Fall Lokomotiven) anzusteuern. Hier gibt es natürlich wieder eine Vielzahl von Wegen, dieses Vorhaben zu realisieren. Einer davon wird hier vorgestellt.

Diesmal wird mit den Empfängern begonnen. Um auch hier den Aufwand für das Projekt möglichst klein zu halten, kommt der eingangs erwähnte Leistungstreiber mit einer integrierten H-Brücke, der LMD 18201, zum Einsatz. In Anlehnung an die bereits vorgestellten Beispiele wird, ähnlich wie bei den zwei Leuchtdioden, lediglich ein weiterer Ausgangspin für die Fahrtrichtung benötigt. Dieser Ausgang steuert den Richtungs-Pin 3 der H-Brücke. Die Geschwindigkeit wird, wie in allen anderen Beispielen auch, über das PWM-Modul erzeugt und mithilfe des Pins 5 an die Brücke übergeben. Das Prinzip des Empfängers gibt der folgende Schaltplan wieder.

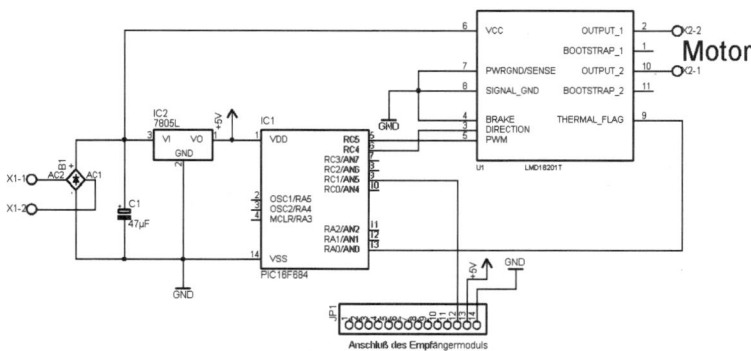

Abb. 16.1: Prinzip des Empfängers für die Gartenbahn

Der Pin 9 der H-Brücke ist eine Übertemperaturmeldung. Um dieses Signal effektiv zu nutzen, müssen dazu am entsprechenden Eingang des Mikrocontrollers der interne Pull-up-Widerstand und die Funktion IOC aktiviert werden. So wird, wenn das Signal vom Leistungsteil gesetzt wird, ein Interrupt im Controller ausgelöst, über den man sofort den Leistungsteil abschalten kann.

Zum besseren Verständnis der Schaltung folgt hier einmal der Aufbau der H-Brücke, wie sie im Datenblatt von National Semiconductor dargestellt wird.

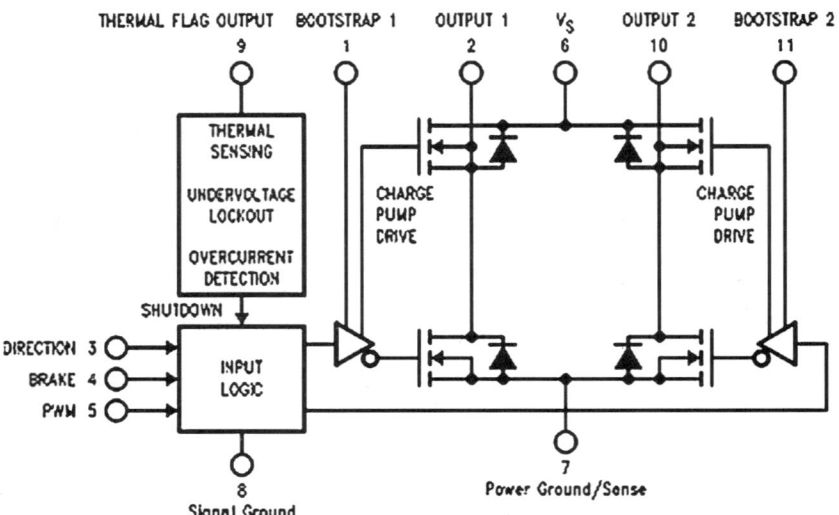

Abb. 16.2: Schema der H-Brücke LMD18201 von National Semiconductor

Das komplette Datenblatt ist auf der Homepage der Firma erhältlich. Mithilfe der Logiktabelle kann man dann die Programmierung zur Ansteuerung der H-Brücke erstellen.

PWM 5	Direction 3	Brake 4	Active Output Drivers	verwendet
H	H	L	Source 1, Sink 2	vorwärts
H	L	L	Sink 1, Source 2	rückwärts
H	x	L	Source 1, Source 2	
H	H	H	Source 1, Source 2	
H	L	H	Sink 1, Sink 2	
L	X	H	NONE	(AUS)

Abb. 16.3: Logiktabelle zum LMD 18201

Verdrahtet man zusätzlich auch noch den Eingang *BREAK*, kann man den Motor auch vollständig von der Spannung trennen, sodass er dann austrudelt. Für einen Schnellhalt muss man den Motor aber kurzschließen. Da hierbei im Chip ein recht hoher Strom fließt, sollte man das nicht bei einer Übertemperaturmeldung machen. In diesem Beispiel soll der Motor nur in Drehzahl und Richtung gestellt werden können. Die Vielzahl der möglichen Fehler und deren Auswirkungen wird hier und im Programm vernachlässigt.

Natürlich können bei der Gestaltung des Gebers auch einige verschiedene Lösungswege eingeschlagen werden. Eine auch softwaretechnisch interessante Lösung ist der Einsatz eines Potis mit mechanischer, automatischer Mittelstellung. Hier entspricht jede Bewegungsrichtung des Potis, wie bei den Leuchtdioden, einer Fahrtrichtung.

Diese Bauteile werden z. B. in jedem Gamepad eingesetzt. Man findet sie aber auch als Einzelteile im Fachhandel unter dem Namen *3-D-Stick*. Alternativ kann man die Richtungsvorgabe auch mit einem zusätzlichen Taster oder Schalter an einem eigenen Eingang oder im Spannungsteiler lösen. Dabei wird das Poti als Geschwindigkeitsgeber unverändert beibehalten. Hier wird nun der Weg mit dem 3-D-Stick beschritten.

Bleibt noch die Problematik der zwei Empfänger. Wie sollen diese erkennen, welche Daten für wen bestimmt sind? Eine Möglichkeit wäre, über die Seriennummer zu gehen, die jedes Mal mitgesendet wird. Es geht aber auch mit einem bereits schon bekannten Verfahren: dem Übertragen eines Bits. In diesem Beispiel werden, anstatt eines analogen Werts, vier verschiedene Bits gesendet. Kombiniert man das nun mit dem Übertragen eines analogen Werts wie der Geschwindigkeit mit den Bits, kann das Programm im Empfänger anhand der betätigten Taste erkennen, ob es angesprochen wird.

Als Sender kommt wieder die ansteckbare Erweiterungsplatine zum Einsatz. Sie wird lediglich um ein Poti, das an AN0 angeschlossen wird, für die Geschwindigkeitsvorgabe erweitert. Wer diese Erweiterungsplatine nicht bauen, aber trotzdem die Aufgabenstellung durchspielen möchte, kann das etwas eingeschränkt auch nur mit der originalen rf-Sendeplatine machen. Als Software ist das Original Demoprogramm *xmit_demo.asm* zu laden. Lediglich bei der Bedienung muss man bedenken, dass zur

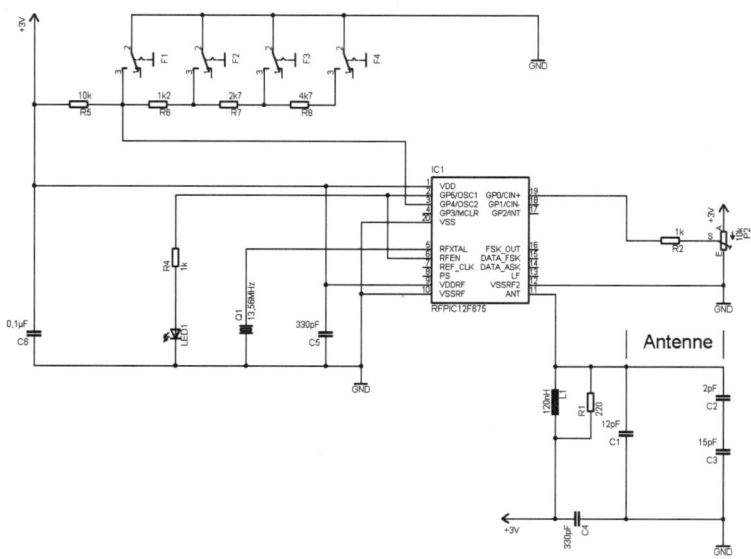

Abb. 16.4: Erweiterter Schaltplan aus dem Projekt Bit senden für die Gartenbahn

Aktivierung des Senders eine von zwei Tasten betätigt werden muss und entsprechend der betätigten Taste je ein Poti als Sollwertgeber zur Verfügung steht.

Abb. 16.4 zeigt den kompletten Schaltplan zum Sender für das Projekt Gartenbahn.

Der Programmaufbau zur Auswertung der Tasten und das entsprechende Setzen der Bits können fast unverändert aus dem vorgestellten Beispiel übernommen werden. Die Geschwindigkeitsauswertung wurde bereits prinzipiell vorgestellt. Benutzt man diese zwei Programme auch als Werkzeuge, muss nur der entscheidende Teil für die Geschwindigkeitserfassung in den bestehenden Programmteil für die Tastenerkennung kopiert werden. Lediglich das Verhalten, wenn keine Taste betätigt wird, muss an die neue Aufgabenstellung angepasst werden.

Dieser Programmabschnitt kann dann folgendermaßen aussehen:

```
SCANPB
        bcf     RFENA                   ; Abschalten des Transmitter

. . .


                                        ; Place result TRUE code here
        bsf     FuncBits,4              ; Setze Bit für Taste4
        goto    end_if                  ; skip over false code.

false2 ;es wurde keine Taste gefunden

        goto    SCANPB                  ; Suche erneut Taste

end_if:
        movfw   FuncBits
        andfw   ContrBit,W              ; Ergebnis der letzten Auswertung
        btfss   STATUS, Z              ; Entprellen der Tastenerkennung

        goto    SCANPB                  ; Fehler

        movwf   ContrBit

SPB1
        call    READ_ANALOG_AN0         ; read analog channel AN0

        goto XMIT                       ; Übertrage die ermittelten Daten

. . .
```

Abb. 16.5: Zusammengesetzter Programmabschnitt für die Gartenbahn

Um etwas Batterie zu sparen, wird der Sender immer abgeschaltet, solange keine Taste betätigt ist. Das Abschalten des Senders geschieht immer am Anfang der Tastaturabfrage.

Dies könnte man dahin gehend erweitern, dass der Controller ganz schlafen geht, solange keine Taste betätigt wird. Dazu könnte man beim Einsatz zweipoliger Tasten alle Tasten auch einmal parallel schalten und den Controller so über einen Interrupt wecken. Eine weitere Alternative wäre, den Controller etwa alle 200 ms einmal kurz mit einem Timer zu wecken und dann die Tasten auswerten zu lassen. Der Möglichkeiten gibt es viele …

Die Hardware des Empfängers wurde bereits beschrieben. Die für den Betrieb erforderlichen Programmanpassungen kann man auch wieder aus den bereits vorgestellten Projekten ableiten. Nimmt man die Übertragung eines Analogwerts als Softwaregrundlage, muss lediglich noch eine Gültigkeitsabfrage eingebaut werden, die die Zugehörigkeit der Daten zu dem Empfänger prüft.

Allerdings beinhalten die hier vorgestellten Programmänderungen keine Fehlerbehandlungen zum Schutz des Leistungsteils. Dies muss jeder passend zur gewählten Hardware selbst implementieren.

Das kann folgendermaßen gelöst werden:

```
IMPLEMNT
;*************************** Gültigkeitsabfrage ****************************

          movfw     DATA1          ; Lade FuncBits1 zur Tasten
 ; Auswertung
          XORLW 0b00010000         ; Maske für Tastenauswertung
          btfss     STATUS,Z       ; ist nicht die richtige Taste betätigt
          goto      Start          ; wird zum Anfang gesprungen
;*********************** Auswertung der Richtung *************************
;#################### aus dem Programm A_D_Empfang.asm ################

          BTFSS     DATA3,7        ; ist Bit 7 gesetzt
          GOTO links               ; ja gehe zu links

rechts BSF          PORTC,3        ; Setze LED rechts
          BCF       PORTC,4
          GOTO      clear          ; Überspringe links
links
          BCF       PORTC,3        ; Setze LED links
          BSF       PORTC,4

          COMF      DATA3,1        ; Invertieren des Registers
clear
          BCF       DATA3,7        ; Lösche Bit 7 aus DATA3

;*********************************************************************
; Umrechnen der der 7 Bits in 8 für PWM

          MOVFW     DATA3          ; Lade DATA3 ins W-Register
          ADDWF     DATA3,0        ; Addiere DATA3 auf das W-Register
```

```
;***************** Schieben der Fahrstufe ins PWM Register *****************

        MOVWF CCPR1L              ; Variable für das Tastverhältnis

;************************************************************************
```

Abb. 16.6: Empfänger-Anwendungsteil für die Gartenbahn

Der Anwenderteil beginnt wieder an dem Label *IMPLEMNT*.

Als Erstes erfolgt die Prüfung des im Register *DATA1* enthaltenen Werts, ob der Empfänger durch die gewählte Taste angesprochen werden soll. Stimmt der in der Konstante hinterlegte Wert nicht mit dem empfangenen Wert in DATA1 überein, wird der Anwenderteil sofort verlassen und an den Anfang des Programms zurückgesprungen. Auf welche Taste der Empfänger reagieren soll, kann durch das Bit in der Konstanten zur Vergleichsoperation festgelegt werden, ein Ändern im Betrieb ist somit nicht vorgesehen. Um auch diese Möglichkeit zu erhalten, wäre es eine Alternative, für dieses Projekt die Verwendung von Seriennummern in der Software zu nutzen. Bei diesem Lösungsansatz würden die Seriennummern in den Telegrammen mit denen im Empfänger verglichen werden. Mithilfe der Lerntaste kann man einen Empfänger eine individuelle Seriennummer lernen lassen, ohne das Programm zu ändern. Dies ist zum Teil in dem Demoprogramm integriert. Während die Lerntaste betätigt wird, wartet der Empfänger auf gültige Daten von einem Sender. Die nächste empfangene Seriennummer wird dann im internen EEprom des Empfängers abgelegt. Alle folgenden Datentelegramme können dann mit dieser verglichen werden. Stimmen die Zahlen überein, ist das Telegramm für den Empfänger bestimmt. Definiert man dann noch zu jeder Taste eine andere Serienummer, sind die Möglichkeiten noch vielfältiger. Benutzt man nur die Seriennummer, können die Tasten auf dem Sender und die daraus ermittelten Bits zum Schalten zusätzlicher Funktionen in dem Fahrzeug (z. B. Licht) benutzt werden.

Auch hier sieht man, dass es schwer ist, eine komplette und alles abdeckende Lösung zu erstellen. Wichtig ist, dass die gewünschten Funktionen abdeckt werden, wobei meist im Betrieb weitere Wünsche geweckt werden ...

Der weitere Programmteil ist identisch mit dem Beispiel: „Einen Wert mit Vorzeichen übertragen".

17 Daten kabellos übertragen – das Fazit

Wie man gesehen hat, ist es mit den richtigen Werkzeugen einfach, die verschiedensten Informationen digital und dann auch kabellos zu übertragen.

In der Praxis wird man mitunter auf Probleme stoßen, aber das ist der komplexen Praxis zur simplen Theorie geschuldet. Vor allem bei der Ansteuerung einfacher Motoren kommt es immer wieder zu Problemen mit der EMV. Leider gibt es hier kein Allheilmittel. Manchmal hilft es, den Motor abzuschirmen oder ihn mit Kondensatoren/Drosseln zu entstören. Ein Lösungsansatz wäre auch, die Grundfrequenz der PWM für die Motoren zu verändern.

Eine weitere Problematik könnte sein, dass der Controller über einen zu langen Zeitraum mit dem Empfangen der Daten beschäftigt ist. Soll er nebenbei noch etwas anderes machen, kann es hier schon einmal zu zeitlichen Problemen kommen.

Wenn in einem Projekt die Zeit für das Empfangen aller 4 Bytes nicht zur Verfügung steht und diese vom Informationsgehalt her auch nicht benötigt werden, kann man hier etwas Zeit einsparen, indem man die übertragenen Bytes auf die benötigte Anzahl reduziert. In allen Beispielen werden nur maximal zwei Daten-Bytes aus der Übertragung tatsächlich benötigt. Müssen einmal mehr Daten-Bytes zur Verfügung stehen, kann man natürlich auch den Daten-Stream verlängern. Allerdings verlängert sich dann natürlich auch die für die Abarbeitung benötigte Zeit. Hier sind diverse Kombinationen denkbar, die aus den vorgestellten Werkzeugen abgeleitet werden können.

Eine weitere Möglichkeit ist es natürlich auch, die Betriebsfrequenz des Controllers anzuheben. Werden die Daten z. B. mit 8 MHz in den Controller geschoben, braucht die Übertragung durch die höhere Frequenz auch nur noch die Hälfte der Zeit, wie bei 4 MHz.

Eine Problemstellung lässt sich aber mit den hier beschriebenen Wegen nicht lösen: die bidirektionale Daten-Übertragung. In allen Beispielen wurden die Daten immer nur von einer Eingabestation an eine Zentrale übertragen. Sollen nun aber Betriebszustände der Anlage auf eine mobile Bedienoberfläche zurückübertragen und dort für eine Visualisierung aufbereitet werden, benötigt man eine andere Technik. Hier setzt sich zurzeit, in der Industrie und vor allem auch im Consumer-Bereich, die 2,4-GHz-Bandbreite mit einer sogenannten ZigBee-Technik durch. Bei dieser Technik können verschiedene Senderstationen miteinander in Verbindung treten. Dies kann über einen zentralen Master oder aber auch direkt zwischen den Stationen geschehen. Es können hier je nach Hersteller unterschiedliche Übertragungsgeschwindigkeiten erreicht werden, die bereits für viele Anwendungen komfortable Lösungen zulassen.

In Anbetracht der hohen Übertragungsfrequenz und den daraus resultierenden Problemen bei der Gestaltung solcher Anwendungen kann man hier nicht mehr „basteln". Diese Systeme benötigen, im Gegensatz zu den rfPICs, eine Zulassung – auch wenn es sich dabei ebenfalls um ein freies Frequenzband handelt.

Wer sich für diese Technik interessiert, sollte nach fertig aufgebauten Modulen Ausschau halten. Dabei handelt es sich um kleine Platinen in Briefmarkengröße, die nur noch in die eigene Anwendung gesteckt werden müssen. Die meisten Module bringen bereits eine gewisse „Intelligenz" mit, da sie über einen eigenen Controller verfügen. Das hat den Vorteil, dass man die zu übertragenden Daten auch wieder nach dem Baukastenprinzip nur an den Sender übergibt oder sich die empfangenen Daten von dort abholt. Um die gesamte Verschlüsselung und die Empfangsroutinen muss sich der Anwender nicht mehr kümmern. Einen leichten und einfachen Einstieg in diese Technik findet man auch hier wieder am besten über Starter-Kits oder über die fertigen kleinen Module.

18 Der PIC Assembler

Die hier folgende Erklärung des PIC Assembler mit seinen 35 Befehlen soll speziell die Einsteiger unterstützen. Dazu gehört, welche Flags durch einen Befehl im Statusregister beeinflusst werden könnten und wie sich die Befehle auf die benutzten Universalregister auswirken. Zu jedem Befehl gib es ein kurzes Beispiel, wie er in einem Programm stehen könnte oder geschrieben werden müsste. Wer mit den Befehlen vertraut ist, kann dieses Kapitel überspringen und lediglich zum Nachschlagen nutzen.

Bevor es aber an die Befehle geht, werden hier noch ein paar besondere Register und Bits vorgestellt, mit denen es möglich ist, den Controller Entscheidungen treffen zu lassen, z. B. dann, wenn etwas 0 (Null) wird oder wenn ein „Überlauf" auftritt. Es muss ja nicht nur ein externes Ereignis sein, auf das der Controller reagieren soll.

18.1 Das W-Register

Das *W-Register* ist das *Arbeitsregister* des Controllers. Alle Operationen, die für die Ausführung ein zweites Register benötigen, arbeiten in Verbindung mit dem W-Register. Soll z. B. etwas verglichen werden, wird im ersten Schritt ein Wert in das W-Register geladen. Im nächsten Schritt wird dann der Wert eines anderen Registers mit diesem Wert im W-Register verglichen. Am Ende des Vergleichs kann gewählt werden, ob das Ergebnis im W-Register oder im zweiten Register abgelegt wird. Das zweite Register wird auch als *Zielregister* bezeichnet. Liest man die Zustände der Eingänge eines Controllers, steht dieses Ergebnis erst einmal im W-Register. Benötigt man diesen Wert für weitere Operationen wieder, muss er als Erstes in ein anderes Register gerettet werden, da er gegebenenfalls im nächsten Schritt schon wieder überschrieben werden könnte.

18.2 Das Carry-Bit

Das Verhalten des Carry-Bits ist einfach: Es wird immer dann gesetzt, wenn ein Überlauf im W-Register auftritt. Wie nur ist ein „Überlauf" definiert? Oder besser: Wann wird es gesetzt und wann nicht?

Das Carry-Bit wird immer dann gesetzt, wenn das Arbeitsregister von B'11111111' nach B'00000000' wechselt oder umgekehrt. Ob die zu bearbeiteten Zahlen in Dezimal oder Hexadezimal definiert sind und hier der Übertrag an einer anderen Stelle erfolgen würde, ist egal. Der Controller arbeitet binär mit acht Bits. Alles andere ist nur eine andere Darstellung für den Programmierer. Das Carry-Bit symbolisiert dabei einen Übertrag in ein nächstes Register.

Achtung: Dies ist auch der Fall, wenn das Ergebnis 0 (Null) ist.

Man könnte es so betrachten: 5 + 5 sind 0 und Carry -> die Zehnerstelle steht im Carry-Bit. Dies wäre sicher schön, ist aber leider nicht so. Hier tritt kein Überlauf auf. Ein 8-Bit-Register, wie es in allen kleinen PICs üblich ist, läuft bei dezimal 255 über.

Zum Beispiel:

4 – 5 = 255 und Carry-Bit gesetzt

	W-Register = B'00000100'
–	zweites Register = B'00000101'
=	W-Register = B'11111111' und Carry = 1

Aber auch 250 + 10 = 5 führt zu einem Überlauf in dem Zielregister und das Carry-Bit wird gesetzt.

Dies entspricht leider nur nicht dem Dezimalsystem und erfordert deshalb besondere Lösungen bei vielen Rechnungen. Eine Lösung ist zum Beispiel, jede Stelle einer möglichen Zahl alleine in einem Register zu verarbeiten. Eine vierstellige Zahl benötigt dann vier Register. Um Register zu sparen, kann man auch zwei Zahlen in einem Register verarbeiten. Eine Zahl steht dann in den oberen 4 Bits, die zweite Zahl in den unteren 4 Bits. Hier kann man Überläufe mit dem Hilfs-Carry-Bit erkennen. Es signalisiert den Überlauf zwischen den oberen und den unteren 4 Bits. Hochsprachen sind in diesem Fall dem Assembler weit überlegen, da die Verwaltung der Register und die Auswertung des Carry-Bits von der Hochsprache und ihrem Compiler gelöst werden.

18.3 Verhalten des Zero-Bits

Das Zero-Bit wird nur gesetzt, wenn das Ergebnis gleich *0* (Null) ist. Dies gilt nicht nur für Rechenoperationen! Auch für Vergleiche und Verknüpfungen von Registern oder das Beschreiben eines Registers mit dem Wert *0* (Null).

Beispiele:

4 – 4 = 0 Carry und Zero -> beide Bits werden gesetzt!
4 – 5 = –1 nur Carry wird gesetzt, auch wenn Null durchlaufen wurde!

Es gilt immer: Ist nach einer UND- oder ODER-Verknüpfung im Ergebnisregister kein Bit gesetzt, wird auch das Zero-Bit gesetzt. Dies wird noch deutlicher im Zusammenhang mit den Befehlen erklärt, die das Zero-Bit beeinflussen.

Achtung: Das Zero-Bit wird auch nach dem Löschen eines Registers gesetzt!

18.4   Lesen von Registern, wo ist das Bit 0 (Null)?

Der PIC (und viele andere Controller) arbeiten leider entgegen unserer gewohnten Leserichtung. Hierdurch schleichen sich immer wieder Fehler ein und man wundert sich, weswegen das Programm nicht funktioniert. Oft hat man nicht mit 0 (Null) begonnen oder auf der falschen Seite angefangen zu zählen. Dies passiert vor allem dann, wenn man sich nur gelegentlich mit den PICs beschäftigt und es an Übung fehlt.

Das folgende Beispiel zeigt die Problematik:

```
MOVLW        B'11001010'        ; Wert wird geladen
MOVWF        PORTA              ; Ausgabe an Port A
```

Welche Ausgänge am Port A sind nun *high* (an) und welche *low* (aus)?

Bit	7	6	5	4	3	2	1	0
PORT A	1	1	0	0	1	0	1	0
Ausgang	AN	AN	AUS	AUS	AN	AUS	AN	AUS

Hier ist es hilfreich, wenn man sich die verschiedenen Möglichkeiten der Eingabeformen von Zahlen zunutze macht. Es schadet nicht, wenn man in einem Programm nicht einheitlich arbeitet. Man sollte immer die für die Situation beste Schreibweise wählen. Hier ist die binäre Schreibweise hilfreich. Man sieht anhand des Werts die Zustände der Ausgänge, welche also *high* und *low* sind, und muss diese nicht erst umrechnen.

Das gleiche Ergebnis erhält man auch beim Benutzen der Hex-Schreibweise: ‚XX'h

```
MOVLW        CAh                ; Maske wird geladen
MOVWF        PORTA              ; Ausgabe an Port A
```

oder mit Dezimalwerten: D'xxx'

```
MOVLW        D'202'             ; Maske wird geladen
MOVWF        PORTA              ; Ausgabe an Port A
```

Leider ist es bei diesen Schreibweisen ungleich schwerer, als ungeübter Programmierer auf den gesetzten Ausgang zu schließen. Natürlich ist es aber einfacher, in Rechnungen mit den gewohnten Dezimalwerten zu arbeiten. Auch eine Kombination der Eingabeformen ist jederzeit möglich, was die gesamte Arbeit vereinfacht. So kann ein Binärwert mit einem Dezimalwert addiert oder auch verglichen werden. Bei der Programmierung muss nur auf die korrekte Schreibweise der Eingabe geachtet werden und man muss sich über das Ergebnis, das immer „binär" im Register steht, im Klaren sein.

Achtung: Auch wenn man mit zwei dezimalen Werten arbeitet, treten im PIC-Controller die Überträge nach binären Regeln auf!

18.5 Die Schreibweise von Befehlen

Die Schreibweise von Befehlen im Programmeditor spielt keine Rolle. Der Compiler ist so angelegt, dass er mit großen und kleinen Buchstaben umgehen kann. Selbst eine gemischte Schreibweise von kleinen und großen Buchstaben führt nicht zu einer Fehlermeldung. Dass der Compiler den eingegebenen Befehl akzeptiert, erkennt man daran, dass sich nach der Eingabe die Farbe der Schrift geändert hat.

Es gibt noch einige weitere spezielle Befehle. Diese basieren aber alle auf den hier vorgestellten 35 Hauptbefehlen. Es sind lediglich Kurzschreibweisen für sehr häufig vorkommende Befehlsstrukturen, um Schreibarbeit zu sparen und gegebenenfalls die Lesbarkeit von Programmen zu erhöhen. Diese werden dann vom Compiler dementsprechend übersetzt.

Zum Beispiel:

```
movfw        Zielregister
```

Dies ist die Kurzschreibweise für movf *f*,d und bewirkt das Gleiche wie die Zeile.

```
movf         Zielregister,0
```

Das bedeutet: Verschiebe den Inhalt des angegebenen Zielregisters in das W-Register.

18.6 Legende zum Assembler

k   Konstante oder Label
d   Ziel
f   Registeradresse

W	W-Register/Arbeitsregister
C	Carry-Bit
DC	4-Bit-Überlauf/Hilfs-Carry
Z	Zerobit
TO	Time-out Bit
PD	Power-down Bit
PC	Programm Counter/Zähler
H'....'	Angabe in Hex oder auch 0x..
D'..'	Angabe in dezimal
B'........'	Angabe in Binärschreibweise
variable	ein beliebiges Register im Controller

18.7 Die verschiedenen Zahlensysteme im Vergleich

dezimal	Hex	binär
0	00	0000
1	01	0001
2	02	0010
3	03	0011
4	04	0100
5	05	0101
6	06	0110
7	07	0111
8	08	1000
9	09	1001
10	0A	1010
11	0B	1011
12	0C	1100
13	0D	1101
14	0E	1110
15	0F	1111
16	100	10000
17	101	10001
...	...	...

18.8 Die Befehle

ADDLW   Addiere die Konstante und das W-Register

Schreibweise: ADDLW k $0 \leq k \leq 255$

Mögliche Statusveränderungen: C, DC, Z

Beschreibung: Der Inhalt des W-Registers wird mit den 8 Bit der Konstanten *k* addiert. Das Ergebnis steht anschließend im W-Register.

Das Zero-Flag wird gesetzt, wenn das Ergebnis der Operation *0* (Null) ist. Da es sich hier um eine Addition handelt, kann es sinnvoll sein, die Konstante als Dezimalzahl anzugeben.

Beispiel:

```
; Inhalt des W-Registers ist 0xE3

    ADDLW    0x22

; Das W-Register enthält nach dem Ausführen der Operation den Wert 0x05
```

```
    11100011   W-Register
  +00100010    Konstante
1 ← 00000101   Carry gesetzt ← Das Ergebnis in W
```

In dezimaler Schreibweise dargestellt:

```
    227   W-Register
  + 34    Konstante
1 ← 5     Carry gesetzt ← Das Ergebnis in W
```

Das Hilfs-Carry-Bit wird nicht gesetzt, da es zu keinem Übertrag zwischen den unteren und den oberen 4 Bits gekommen ist.

ADDWF   Addiere W und das angegebene Register

Schreibweise: ADDWF f,d $0 \le f \le 127$ $d \, \varepsilon \, [\, 0 \, , 1 \,]$

Mögliche Statusveränderungen: C, DC, Z

Beschreibung: Addiert den Inhalt des W-Registers mit dem angegebenen Register *f*. Ist *d* gleich *0* (Null), steht das Ergebnis im W-Register. Ist *d* gleich *1*, wird das Ergebnis in *f* gespeichert.

Beispiel:

```
; Inhalt des W-Register ist 0x07, variable = 0x09

      ADDWF    variable,1
```

Es wird bei diesem Beispiel nur das Hilfs-Carry-Bit *DC* gesetzt, da nur ein Übertrag zwischen den unteren und den oberen 4 Bits stattgefunden hat.

Variable enthält nach dem Ausführen dieser Operation den Wert 0x10. Der alte Inhalt von *variable* ist überschrieben worden und steht jetzt nicht mehr zur Verfügung.

Als Befehl stünde

```
      ADDWF    variable,0
```

würde das Ergebnis der Operation im Arbeitsregister *W* stehen. Der Inhalt aus *variable* steht unverändert weiterhin zur Verfügung.

Dezimal betrachtet lautet die Rechnung:

   7 + 9 = 16

ANDLW   UND-Verknüpfung der Konstante mit dem W-Register

Schreibweise: ANDLW k $0 \leq k \leq 255$ $d\,\varepsilon\,[\,0\,,1\,]$

Mögliche Statusveränderungen: Z

Beschreibung: Die Konstante k wird mit dem Inhalt des W-Registers UND-verknüpft. Das Ergebnis steht anschließend im W-Register. Hier ist es hilfreich, für die Konstante die Bit-Schreibweise zu benutzen, sodass man sich das Ergebnis leichter vorstellen kann.

Beispiel:

```
; Inhalt des W-Registers ist B'00001111'

    ANDLW    B'01110110'

; Das W-Register enthält nach dem Ausführen der Operation den Wert 0x06
```

00001111   W-Register
01110110   Konstante
00000110   Das Ergebnis im W-Register

Das Zero-Bit wird nur gesetzt, wenn das Ergebnis *0* (Null) ist, das heißt: Im W-Register muss B'00000000' stehen, damit das Zero-Bit gesetzt wird.

Dieser Befehl kann z. B. benutzt werden, um bestimmte Bitmuster zu erkennen. Die Maske muss dabei so gewählt werden, dass das Ergebnis *0* (Null) ergibt und das Zero-Bit gesetzt wird. Mit dem folgenden Befehl kann dann das Zero-Bit getestet werden, woraufhin eine Entscheidung durch den Controller getroffen werden kann.

Wahrheitstabelle zu einem UND-Gatter:

Ergebnis	IN 1	IN 2
0	0	0
1	1	1
0	0	1
0	1	0

ANDWF   **UND-Verknüpfung des Registers mit dem W-Register**

Schreibweise: ANDWF f,d $0 \leq f \leq 127$ $d \varepsilon [\,0\,,1\,]$

Mögliche Statusveränderungen: Z

Beschreibung:

Das ausgewählte Register *f* wird mit dem Inhalt des W-Registers UND-verknüpft. Das Ergebnis steht anschließend – abhängig von *d* – bei *d* gleich *0* (Null) im W-Register oder bei *d* gleich *1* im Register *f*.

Beispiel:

```
; Inhalt des W-Registers ist B'00001111'
; Inhalt von variable ist B'11111111'

    ANDWF    variable,0
```

Das W-Register enthält nach dem Ausführen der Operation den Wert 0Fh

00001111	W-Register
11111111	variable
00001111	Das Ergebnis im W-Register

Das Zero-Bit wird nur gesetzt, wenn das Gesamtergebnis *0* (Null) ist.

Würde als Befehl stehen:

```
    ANDWF    variable,1
```

stünde das Ergebnis nicht im W-Register sondern im Register *f* mit dem Namen *variable*.

BCF   **Lösche Bit f**

Schreibweise: BCF f,b $0 \le f \le 127 \,; 0 \le b \le 7$

Mögliche Statusveränderungen: keine

Beschreibung: Das angegebene Bit in dem angesprochenen Register wird gelöscht.

Beispiel:

```
BCF    variable,4
```

11111111	Register „**variable**"
11101111	Register „variable" nach dem Befehl
76543210	Die Bits zur Orientierung

Durch Ausführung dieses Befehls wird das Bit an der Position vier in dem Register *variable* gelöscht. War das Bit nicht gesetzt, hat dieser Befehl bei seiner Ausführung keine Wirkung, außer dass ein Taktzyklus für die Ausführung benötigt wird.

BSF   **Setze Bit f**

Schreibweise: BSF f,b $0 \le f \le 127 \,; 0 \le b \le 7$

Mögliche Statusveränderungen: keine

Beschreibung: Das angegebene Bit in dem angesprochenen Register wird gesetzt.

Beispiel:

```
BSF    variable,4
```

00000000	Register „**variable**"
00010000	Register „variable" nach dem Befehl
76543210	Die Bits zur Orientierung

Durch Ausführung dieses Befehls wird das Bit an der Position vier im Register *variable* gesetzt. War das Bit bereits gesetzt, hat dieser Befehl bei seiner Ausführung keine Wirkung, außer dass ein Taktzyklus für die Ausführung benötigt wird.

BTFSS   **Bit testen; springe, wenn gesetzt**

Schreibweise: BTFSS f,b $0 \leq f \leq 127 ; 0 \leq b \leq 7$

Mögliche Statusveränderungen: keine

Beschreibung: Das angegebene Bit in dem angesprochenen Register wird getestet, ob
es gesetzt ist. Wenn ja, wird der nachfolgende Befehl übersprungen.

Beispiel:

```
; Irgendwo im Programm

      START
      BTFSS    variable,4
      GOTO     START
      NOP
      ...
```

Ist das Bit 4 in *variable* gesetzt (=1), werden der GOTO-Befehl übersprungen und der
übernächste Befehl abgearbeitet. Ist das Bit nicht gesetzt (=0), wird nicht gesprungen
und der GOTO-Befehl ausgeführt.

Hiermit ist es möglich, bedingte Sprünge oder Aufrufe von Unterprogrammen zu programmieren.

Achtung: Die Ausführung dieses Befehls benötigt manchmal einen oder manchmal
auch zwei Taktzyklen.

BTFSC   Bit testen; springe, wenn nicht gesetzt

Schreibweise: BTFSC f,b $0 \leq f \leq 127 ; 0 \leq b \leq 7$

Mögliche Statusveränderungen: keine

Beschreibung: Das angegebene Bit in dem angesprochenen Register wird getestet, ob es nicht gelöscht (=0) ist. Wenn dies der Fall ist, wird der nachfolgende Befehl übersprungen.

Beispiel:

```
; Irgendwo im Programm

        START
BTFSC   variable,4
        GOTO    START
        NOP
        ...
```

Ist das Bit 4 in *variable* gelöscht (=0), wird der GOTO-Befehl übersprungen und der übernächste Befehl abgearbeitet.

Ist das Bit gesetzt (=1), wird nicht gesprungen und der GOTO-Befehl ausgeführt.

Hiermit ist es möglich, bedingte Sprünge oder Aufrufe von Unterprogrammen zu programmieren.

Achtung: Die Ausführung dieses Befehls benötigt manchmal einen, manchmal auch zwei Taktzyklen.

CALL   Aufruf eines Unterprogramms mit Namen k

Schreibweise: CALL k $0 \leq k \leq 2047$

Mögliche Statusveränderungen: keine

Beschreibung: Unterprogrammaufruf. Nach Beendigung des Unterprogramms wird auf die dem Aufruf folgende Adresse zurückgesprungen. Dort wird die Abarbeitung des Programms fortgesetzt.

Beispiel:

```
; Irgendwo im Programm

        CALL    UNTER
        ADDLW   23h
        ...
UNTER
        NOP
        ...
        RETURN          ; Rücksprung aus dem Unterprogramm
```

Diese Abfolge sollte immer dann benutzt werden, wenn ein Teil des Programms öfter benötigt wird, z. B. für Ausgaben an ein Display, Zeitschleifen oder Ähnliches. Es ist auch oft sinnvoll, das Hauptprogramm in viele kleine Unterprogramme zu zerlegen. Diese werden dann aus dem Hauptprogramm nur aufgerufen. Das erspart die Arbeit, da die Teilprogramme oft auch schon alleine getestet werden können. Unterprogramme müssen organisatorisch im Editor hinter dem Hauptprogramm stehen, da es sonst zu Compilerfehlern kommen kann.

Programmstruktur:

Hauptprogrammschleife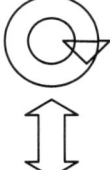

Unterprogramme

Achtung: Dies ist ein Befehl, der immer zwei Takte benötigt.

CLRF   **Lösche Register f**

Schreibweise: CLRF f $0 \leq f \leq 127$

Mögliche Statusveränderungen: Z

Beschreibung: Das angegebene Register wird gelöscht.

Beispiel:

```
; Beliebiger Inhalt in variable

    CLRF    variable

; Inhalt von variable nach dem Befehl B'00000000'
```

Nach Ausführung dieses Befehls ist der Inhalt von *variable 0* (Null) und das Zero-Bit wurde gesetzt.

CLRW   **Lösche Arbeitsregister W**

Schreibweise: CLRW

Mögliche Statusveränderungen: Z

Beschreibung: Das Arbeitsregister *W* wird gelöscht.

Beispiel:

```
; Beliebiger Inhalt im W-Register

    CLRW

; Inhalt des W-Registers nach dem Befehl B'00000000'
```

Nach Ausführung dieses Befehls ist der Inhalt des Arbeitsregisters *0* (Null) und das Zero-Bit wurde gesetzt.

CLRWDT   **Löschen des Watchdogs-Timers**

Schreibweise: CLRWDT

Mögliche Statusveränderungen: TO, PD

Beschreibung: Dieser Befehl löscht den Watchdog-Timer. Es werden die Statusbits TO und PD gesetzt.

Beispiel:

```
CLRWDT            ; Löschen des Watchdog-Timers
```

Dieser Befehl muss nur benutzt werden, wenn auch der „Wachhund" im Optionsregister aktiviert wurde. Wird der Watchdog nicht regelmäßig gelöscht, wird ein *RESET* ausgelöst. Mit dieser Funktion ist es möglich, dass der Controller sich selbst durch einen RESET aus einem undefinierten Zustand nach einer Zeit zurückholt. Das Programm wird dann ab der ORG-Adresse 0x000 weiter abgearbeitet. Es gibt auch Anwendungen, in denen dies gewollt gemacht wird.

COMF   **Bilden des Komplements**

Schreibweise: COMF f,d $0 \leq f \leq 127$ $d \varepsilon [\, 0\, ,1\,]$

Mögliche Statusveränderungen: Z

Beschreibung: Durch diesen Befehl wird der Inhalt des angegebenen Registers invertiert.

Beispiel:

```
; Der Inhalt von variable ist 0xE1

      COMF    variable,0

; Das W-Register enthält nach dem Ausführen der Operation den Wert 0xEE
```

          11100001   variable
   0← 00011110   Das Ergebnis in W, Zero-Bit nicht gesetzt

Abhängig von *d* wird das Ergebnis bei *d* gleich *0* (Null) in das W-Register oder bei *d* gleich *1* in das Zielregister geschrieben. Der letzte Wert des Zielregisters wird überschrieben. Das Zero-Bit wird nur gesetzt, wenn das Ergebnis der Operation *0* (Null) war.

DECF   Dekrementiere f

Schreibweise: DECF f,d $0 \leq f \leq 127$ $d \varepsilon [\,0\,,1\,]$

Mögliche Statusveränderungen: Z

Beschreibung: Durch diesen Befehl wird der Inhalt des angegebenen Registers um *1* verringert (dekrementiert).

Beispiel:

```
; Der Inhalt von variable ist 0xA2

    DECF    variable,0

; Das W-Register enthält nach dem Ausführen der Operation den Wert 0xA1
```

```
         10100010    variable
0← 10100001    Das Ergebnis in W , Zero-Bit nicht gesetzt
```

Bei jedem Aufruf des Befehls wird von dem angegebenen Register eine *1* abgezogen, genauso wie bei einer Rechenoperation (-1). Abhängig von *d* wird das Ergebnis bei *d* gleich *0* (Null) in das W-Register oder bei *d* gleich *1* in das Zielregister geschrieben. Der letzte Wert des Zielregisters wird überschrieben. Das Zero-Bit wird nur gesetzt, wenn das Ergebnis der Operation *0* (Null) war.

DECFSZ   **Dekrementiere f und springe bei *0* (Null)**

Schreibweise: DECFSZ f,d $0 \leq f \leq 127$ $d \varepsilon [\, 0\, ,1\,]$

Mögliche Statusveränderungen: keine

Beschreibung: Durch diesen Befehl wird der Inhalt des angegebenen Registers dekrementiert und der Inhalt auf *0* (Null) getestet. Ist das Ergebnis der Operation *0* (Null), wird der folgende Befehl übersprungen.

Beispiel:

```
; Der Inhalt von variable ist 0x02

LABEL
        DECFSZ   variable,0
        GOTO     LABEL
        NOP
        ...

; Das W-Register enthält nach dem Ausführen der Operation den Wert 0x01
```

00000010	variable
00000001	Das Ergebnis in W

Bei jedem Aufruf des Befehls wird von dem angegebenen Register eine *1* abgezogen, genauso wie bei einer Rechenoperation (-1). Abhängig von *d* wird das Ergebnis bei *d* gleich *0* (Null) in das W-Register oder bei *d* gleich *1* in das Zielregister geschrieben. Der letzte Wert des Zielregisters wird dabei überschrieben. Da das Ergebnis der Operation im Beispiel nicht *0* (Null) ist, wird der nächste Befehl, hier *GOTO LABEL*, ausgeführt und nicht übersprungen. Das hat zur Folge, dass zum *LABEL* zurückgesprungen wird. Im nächsten Durchlauf ist das Ergebnis dann *0* (Null) und der GOTO-Befehl wird übersprungen. Das Programm wird mit dem Befehl *NOP* fortgesetzt. Es entsteht durch diese Schleife eine Pause von fünf Takten. Durch die 8-Bit-Registerbreite des Controllers ist die größte Zahl, die dekrementiert werden kann, D'255'.

Achtung: Die Ausführung dieses Befehls benötigt manchmal einen, manchmal auch zwei Taktzyklen.

GOTO   **Gehe zu Ziel**

Schreibweise: GOTO k $0 \leq k \leq 2047$

Mögliche Statusveränderungen: keine

Beschreibung: Hierbei handelt es sich um einen bedingungslosen Sprung. Es wird immer, ohne Ausnahme, an diese Stelle zu dem angegebenen Ziel k gesprungen.

Beispiel:

```
; irgendwo im Programm
        GOTO    Ziel
        ...
        ...     ; Dieser Bereich des Programms wird so nie erreicht
Ziel
        NOP
```

Dieser Befehl ist mit Umsicht einzusetzen. Wenn zu viel gesprungen wird, kann leicht ein sogenannter *toter Code* (dead-code) erzeugt werden. Hierbei handelt es sich um Programmteile, die vom Controller nie erreicht werden. Sie verbrauchen nur Speicherplatz oder können bei Störungen zu Fehlern führen. Mit jedem absoluten Sprung erschweren sich auch die Lesbarkeit eines Programms und die Möglichkeit, es auf einfache Art grafisch darzustellen.

Achtung: Dies ist ein Befehl, der immer zwei Takte benötigt.

INCF   Inkrementiere f

Schreibweise: INCF f,d $0 \le f \le 127$ $d \varepsilon [\,0\,,1\,]$

Mögliche Statusveränderungen: Z

Beschreibung: Durch diesen Befehl wird der Inhalt des angegebenen Registers um *1* erhöht (inkrementiert).

Beispiel:

```
; Der Inhalt von variable ist 0xA1

    INCF    variable,0

; Das W-Register enthält nach dem Ausführen der Operation den Wert 0xA2
```

        10100001   variable
0← 10100010   Das Ergebnis in W , Zero-Bit nicht gesetzt

Bei jedem Aufruf des Befehls wird zu dem angegebenen Register eine *1* addiert, genauso wie bei einer Rechenoperation (+1). Abhängig von *d* wird das Ergebnis bei *d* gleich *0* (Null) in das W-Register oder bei *d* gleich *1* in das Zielregister geschrieben. Der letzte Wert des Zielregisters wird dann überschrieben.

Das Zero-Bit wird nur gesetzt, wenn das Ergebnis *0* (Null) war. Dies erfolgt hier nach einem Überlauf von D'255' nach D'000' oder in HEX FFh -> 00h.

INCFSZ   **Inkrementiere f und springe bei *0* (Null)**

Schreibweise: INCFSZ f,d $0 \leq f \leq 127$ $d \varepsilon [\,0\,,1\,]$

Mögliche Statusveränderungen: keine

Beschreibung: Durch diesen Befehl wird der Inhalt des angegebenen Registers inkrementiert (+1) und der Inhalt auf *0* (Null) getestet. Ist das Ergebnis der Operation *0* (Null), wird der folgende Befehl übersprungen.

Beispiel:

```
; Der Inhalt von variable ist D'002'

LABEL  INCFSZ  variable,0
       GOTO    LABEL
       NOP
       ...

; Das W-Register enthält nach dem Ausführen der Operation den Wert D'003'
```

      00000010   variable
      00000011   Das Ergebnis in W

Bei jedem Aufruf des Befehls wird zu dem angegebenen Register eine *1* dazu addiert, genauso wie bei einer Rechenoperation (+1). Abhängig von *d* wird das Ergebnis bei *d* gleich *0* (Null) in das W-Register oder bei *d* gleich *1* in das Zielregister geschrieben. Der letzte Wert des Zielregisters wird dann überschrieben. Da das Ergebnis der Operation im Beispiel nicht *0* (Null) ist, wird der nächste Befehl, hier: *GOTO LABEL*, ausgeführt. Das hat zur Folge, dass zum LABEL zurückgesprungen wird. Der Wert *0* (Null) wird bei einem Überlauf von D'255' nach D'0' erreicht.

Achtung: Die Ausführung dieses Befehls benötigt manchmal einen, manchmal auch zwei Taktzyklen.

IORLW   **Inklusive-ODER-Verknüpfung mit der Konstanten** k

Schreibweise: IORLW k $0 \leq k \leq 255$

Mögliche Statusveränderungen: Z

Beschreibung: Der Inhalt des Arbeitsregisters W wird mit der Konstanten k ODER-verknüpft. Das Ergebnis steht im W-Register.

Beispiel:

```
; Der Inhalt des W-Registers ist B'01101000'

    IORLW   B'01010001'

; Das W-Register enthält nach dieser Operation den Wert B'01111001'
```

01101000	W-REGISTER
01010001	Konstante
01111001	Ergebnis im W-Register

Dieser Befehl arbeitet wie ein ODER-Gatter in der Digitaltechnik. Die zueinandergehörenden Bits werden ODER-verknüpft. Das Ergebnis steht an der Stelle des Bits im W-Register. Der Wert *0* (Null) zum Setzen des Zero-Bits kann, wie man in der Tabelle sieht, nur erreicht werden, wenn beide Register leer sind.

Wahrheitstabelle zu einem ODER-Gatter:

Ergebnis	IN 1	IN 2
0	0	0
1	1	1
1	0	1
1	1	0

IORWF   **Inklusive-ODER-Verknüpfung mit dem Register f**

Schreibweise: IORWF f,d $0 \leq f \leq 127$ $d\,\varepsilon\,[\,0\,,1\,]$

Mögliche Statusveränderungen: Z

Beschreibung: Der Inhalt des Arbeitsregisters *W* wird mit dem Register *f* ODER-verknüpft. Das Ergebnis steht abhängig von *d* im W-Register oder im Register *f*.

Beispiel:

```
; Der Inhalt des W-Registers ist B'01101000'
; Der Inhalt von variable ist B'01010001'

            IORWF   variable,0

; Das W-Register enthält nach dieser Operation den Wert B'01111001'
```

01101000	W-REGISTER
01010001	**variable**
01111001	Ergebnis

Dieser Befehl arbeitet wie ein ODER-Gatter in der Digitaltechnik. Die zueinandergehörenden Bits werden miteinander ODER-verknüpft. Das Ergebnis steht an der Stelle des Bits im W-Register. Abhängig von d wird das Ergebnis bei d gleich 0 (Null) in das W-Register oder bei d gleich 1 in das Zielregister geschrieben. Der letzte Wert des Zielregisters wird dann überschrieben.

Wahrheitstabelle zu einem ODER-Gatter:

Ergebnis	IN 1	IN 2
0	0	0
1	1	1
1	0	1
1	1	0

MOVF **Schiebe f**

Schreibweise: MOVF f,d $0 \le f \le 127$ $d \varepsilon [\, 0 \,, 1 \,]$

Mögliche Statusveränderungen: Z

Beschreibung: Der Inhalt des angegebenen Registers f wird zu einem Ziel verschoben. Das Ziel hängt von dem Wert d ab.

Ist d gleich 1, ist das Ziel das Register selbst. Ist d gleich 0 (Null), ist das Ziel das Arbeitsregister W.

Beispiel:

```
; Der Inhalt von variable ist 0x08

    MOVF    variable,0

; variable enthält nach dieser Operation immer noch Wert 0x08.
```

Wenn d gleich 1 ist, wird der Wert gelesen und wieder an die gleiche Stelle geschrieben. Hiermit kann z. B. getestet werden, ob der Inhalt des Registers 0 (Null) ist. Ist dies der Fall, wird das Zero-Bit gesetzt. Ist d gleich 0 (Null), wird der Wert aus dem angegebenen Register ins Arbeitsregister W geladen und steht dann für weitere Operationen zur Verfügung, ohne dass er in seiner ursprünglichen Speicherstelle verändert wird.

MOVLW **Schiebe Konstante ins Arbeitsregister W**

Schreibweise: MOVLW k $0 \le k \le 255$

Mögliche Statusveränderungen: keine

Beschreibung: Die angegebene Konstante k wird in das Arbeitsregister W geladen.

Beispiel:

```
; Aufruf

        MOVLW    D'200'

; Jetzt enthält das W-Register den Wert D'200'.
```

MOVWF   **Schiebe den Inhalt des W-Registers in REGISTER f**

Schreibweise: MOVWF, f $0 \leq f \leq 127$

Mögliche Statusveränderungen: keine

Beschreibung:

Der Inhalt des Arbeitsregister W wird in das angegebene Zielregister geladen.

Beispiel:

```
; Aufruf

    MOVWF    variable

; Jetzt enthält variable den Wert des Arbeitsregisters W.
```

NOP   **Keine Operation**

Schreibweise: NOP

Mögliche Statusveränderungen: keine

Beschreibung: Es passiert einfach nichts. Es vergeht nur die Zeit, die der Controller zur Abarbeitung eines Zyklus benötigt.

Beispiel:

```
; Kann an jeder beliebigen Stelle im Programm stehen

    NOP

; Es ist nur ein Zeittakt vergangen, sonst ist nichts passiert
```

Auch wenn der Befehl auf den ersten Blick nicht jedem verständlich sein mag, ist er doch von Bedeutung und wird wohl in fast jedem Programm verwendet. Vor allem bei der Gestaltung von Verzögerungszeiten ist der Befehl meist unerlässlich.

RETFIE   **Rücksprung aus der Interruptroutine**

Schreibweise: RETFIE

Mögliche Statusveränderungen: keine

Beschreibung: Mit diesem Befehl wird eine Interrupt-Service-Routine beendet. Es wird an die Ausgangsadresse +1 zurückgesprungen. Das Hauptprogramm wird eine Zeile später fortgesetzt, als es vorher verlassen wurde.

Beispiel:

```
org 0x0004              ; Adresse der Interruptroutine, Adresse 0x0004
            NOP         ; Arbeitsbefehle nach einem Interrupt
            ...

            ...
            RETFIE  : Rücksprung zum Hauptprogramm
```

Nach dem Rücksprung wird das Hauptprogramm an der gleichen Stelle plus eine Zeile, also in der dem Interrupt folgenden Zeile, fortgesetzt. Wenn man mit Interrupts arbeiten möchte, muss man verschiedene Kleinigkeiten beachten, unter anderem z. B. das Retten von Registern sowie die Konfiguration der Register zur Aktivierung der Interrupt-Funktion.

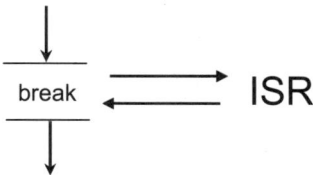

Achtung: Dies ist ein Befehl, der immer zwei Takte benötigt.

RETLW   **Rücksprung mit geladener Konstante im W-Register**

Schreibweise: RETLW k $0 \leq k \leq 255$

Mögliche Statusveränderungen: keine

Beschreibung: Das W-Register wird mit der 8-Bit-Konstanten k geladen. Danach wird der Programmzähler mit der Rücksprungadresse geladen und es wird sofort zurückgesprungen.

Beispiel:

```
        CALL    TAB
        NOP

        ...
TAB
        RETLW   B'01010001'
```

Nach dem Rücksprung von dem LABEL ist das W-Register mit dem Wert B'01010001' geladen. Als Nächstes wird der Befehl NOP ausgeführt.

Dieser Ablauf stellt die einfachste Anwendung des Befehls dar. Man könnte hier auch alternativ den Befehl MOVLW k benutzen und hätte das gleiche Ergebnis im W-Register. Der Befehl RETLW macht nur in einer kompletten Struktur Sinn und setzt dafür einige Randbedingungen voraus, die beachtet werden müssen. Er ist gut zum Auslesen von Tabellen oder zur Übergabe eines Werts aus dem zu beendenden Unterprogramm geeignet. In den Tabellen können z. B. Ausgangsmuster abgelegt sein, die nacheinander ausgegeben werden sollen, so z. B. der Ablauf einer Ampelphase oder ein besonderes Muster für eine Leuchtreklame. In solch einer Tabelle können aber auch Adressen abgelegt sein, die nach dem Laden seriell über einen Pin mit einer voreingestellten Frequenz ausgegeben werden sollen. Möglichkeiten gibt es hier noch viele ...

Achtung: Dies ist ein Befehl, der immer zwei Takte benötigt.

RLF   **Rotiere f links über das Carry-Bit**

Schreibweise: RLF f,d $0 \leq f \leq 127$ $d \varepsilon [\, 0 ,1\,]$

Mögliche Statusveränderungen: C

Beschreibung: Dieser Befehl verschiebt mithilfe des Carry-Bits den Inhalt des angegebenen Registers um eine Stelle nach links.

Beispiel:

```
; Aufruf
; Der Inhalt von variable ist B'10010011'

    RLF     variable,0

; Jetzt ist der Inhalt von variable B'00100111'
```

Alle Bits wurden um eine Stelle nach links verschoben. Das oberste Bit 7, das auf die Position 8 gekommen wäre, wurde durch das Carry-Bit gerettet und an der Position 0 wieder angefügt.

          10010011   variable vor dem Befehl
    1← 00100111   variable nach dem Befehl; Carry -Bit gesetzt

RETURN   **Rücksprung aus Unterprogramm**

Schreibweise: RETURN

Mögliche Statusveränderungen: keine

Beschreibung: Mit diesem Befehl wird ein Unterprogramm, das mit dem CALL-Befehl aufgerufen wurde, beendet. Es wird an die Ausgangsadresse +1, der Zeile unter dem CALL-Befehl, zurückgesprungen.

Beispiel:

```
; Irgendwo im Programm

        CALL    UNTER
        ADDLW   0x23                 ; Ausgangsadresse +1
        ...

UNTER
        NOP                          ; Anfang des Unterprogramms
        ...
        RETURN                       ; Rücksprung aus dem Unterprogramm
```

Nach dem Rücksprung aus dem Unterprogramm wird das Hauptprogramm mit dem Befehl ADDLW fortgesetzt. Die Verschachtelung von Unterprogrammen ist möglich. Es darf nur das RETURN für jedes Unterprogramm nicht vergessen werden. Sonst „verläuft" sich der Controller.

Achtung: Dies ist ein Befehl, der immer zwei Takte benötigt.

RRF   **Rotiere f rechts über das Carry-Bit**

Schreibweise: RRF f,d $0 \leq f \leq 127$

Mögliche Statusveränderungen: C

Beschreibung: Dieser Befehl verschiebt mithilfe des Carry-Bits den Inhalt des angegebenen Registers um eine Stelle nach rechts.

Beispiel:

```
; Aufruf
; Inhalt von variable ist B'10010011'

      RRF      variable,0

; Jetzt ist der Inhalt von variable B'11001001'
```

Alle Bits wurden um eine Stelle nach rechts verschoben. Das unterste Bit, das auf die Position -1 gekommen wäre, wurde durch das Carry-Bit gerettet und an der Position 7 wieder angefügt.

　　　　10010011 variable vor dem Befehl
　　1← 11001001 variable nach dem Befehl; Carry-Bit wurde gesetzt

SLEEP   Keine Operationen („schlafen")

Schreibweise: SLEEP

Mögliche Statusveränderungen:

```
TO                 ; Setzen des „time-out"-Statusbits
PD                 ; Löschen des „power-down"-Statusbits
```

Beschreibung: Der Prozessor wird „schlafen geschickt" und der Oszillator stoppt, um Energie zu sparen. Dies ist vor allem bei Anwendungen, die mit einer Batterie versorgt werden, von Interesse.

Beispiel:

```
; Statt eine Warteschleife abzuarbeiten, wird der Prozessor ,schlafen'
; geschickt

      SLEEP    ; Gehe schlafen

; Ein Neustart (Weckruf) wird durch einen Interrupt ausgelöst
; Dies kann verschiedene Ursachen haben, es ist auch abhängig vom
; Controllertyp
```

Bei einer Fernbedienung, die von einer Batterie gespeist wird, ist diese Funktion sinnvoll. So „schläft" der Controller mit minimaler Energieaufnahme, bis eine Taste betätigt wird. Das erhöht die Lebensdauer der Batterie.

SUBLW   **Subtrahiere das Arbeitsregister von der Konstanten**

Schreibweise: SUBLW k $0 \leq k \leq 255$

Mögliche Statusveränderungen: C, DC, Z

Beschreibung: Der Inhalt des W-Registers wird durch die Methode des Zweierkomplements von der Konstanten k abgezogen. Das Ergebnis steht anschließend im W-Register. Das Zero-Flag wird gesetzt, wenn das Ergebnis der Operation 0 (Null) ist.

Beispiel:

```
; Inhalt des W-Registers ist 0x58

    SUBLW   0x99

; Das W-Register enthält nach dem Ausführen der Operation den Wert 0x41
```

10011001	Konstante
− 01011000	W-Register
0← 01000001	W–Register nach dem Befehl; Carry-Bit nicht gesetzt

Da kein Überlauf stattgefunden hat, wurde kein Carry-, auch nicht das Hilfs-Carry-Bit gesetzt.

Auch um Eingangszustände an einem Controller auszuwerten, kann es sinnvoll sein, auf die einfache Mathematik mit plus oder minus zurückzugreifen. Die Rechnung ist dabei so zu gestalten, dass das Ergebnis bei der gesuchten Eingangsbedingung 0 (Null) ergibt. Dies lässt sich dann über die Auswertung des Zero-Bits leicht erfassen.

SUBWF   **Subtrahiere W und das angegebene Register**

Schreibweise: SUBWF f,d $0 \leq f \leq 127$ $d\varepsilon\,[\,0\,,1\,]$

Mögliche Statusveränderungen: C, DC, Z

Beschreibung: Subtrahiert den Inhalt des W-Registers von dem angegebenen Register f. Ist d = 0 (Null), steht das Ergebnis im W-Register. Ist d = 1, wird das Ergebnis in f gespeichert. Auch hier wird die Methode des Zweierkomplements benutzt.

Beispiel:

```
; Wert des W-Register ist 0x10, variable = 0x09
SUBWF    variable,1
```

Beachten Sie: Es werden bei diesem Beispiel beide Carry-Bits gesetzt.

variable enthält nach dem Ausführen dieser Operation den Wert 0xF9. Der alte Inhalt von variable ist überschrieben worden und steht jetzt nicht mehr zur Verfügung.

Stünde als Befehl

```
SUBWF    variable,0
```

würde die Operation das gleiche Ergebnis liefern, aber es würde im Arbeitsregister W stehen. Der Inhalt aus variable stünde unverändert weiterhin zur Verfügung.

Um das Ergebnis etwas deutlicher zu machen, ist hier die Rechnung einmal in Dezimalzahlen aufgeführt:

$$\text{variable} - \text{W-Register} = 0\text{xF9 und Carry}$$
$$9 - 16 = -7$$

Das Minuszeichen ist hier das gesetzte Carry-Bit.

SWAPF   **Vertauscht die „Nibbels" (Halb-Bytes) im Register f**

Schreibweise: SWAPF f,d $0 \leq f \leq 127$ $d \varepsilon\,[\,0\,,1\,]$

Mögliche Statusveränderungen: keine

Beschreibung: Hierbei werden die oberen und unteren vier Bits eines Bytes im angegebenen Register f gegeneinander ausgetauscht.

Beispiel:

```
; Der Inhalt von variable ist B'11110000'

        SWAPF    variable,1

; variable enthält nach dieser Operation den Wert B'00001111'
```

11110000	variable vor dem Befehl
00001111	variable nach dem Befehl

XORLW   **Exklusive-ODER-Verknüpfung mit der Konstanten k**

Schreibweise: XORLW k $0 \leq k \leq 255$

Mögliche Statusveränderungen: Z

Beschreibung: Der Inhalt des Arbeitsregisters W wird mit der Konstanten k exklusiv ODER-verknüpft. Das auf die Operation folgende Ergebnis steht im W-Register.

Beispiel:

```
; Der Inhalt des W-Registers ist B'01101000'

          XORLW    B'01010001'

; Das W-Register enthält nach dieser Operation den Wert B'01000000'
```

01101000	W-REGISTER
01010001	Konstante
00111001	Ergebnis im W-Register

Dieser Befehl arbeitet wie ein Exklusiv-ODER-Gatter in der Digitaltechnik. Die zueinandergehörenden Bits werden miteinander exklusiv ODER-verknüpft. Das Ergebnis der Verknüpfung steht an der Stelle des Bits im W-Register.

Wahrheitstabelle zu einem Exklusiv-ODER-Gatter:

Ergebnis	IN 1	IN 2
0	0	0
0	1	1
1	0	1
1	1	0

XORWF   **Exklusive-ODER-Verknüpfung mit dem Register f**

Schreibweise: XORWF f,d $0 \leq f \leq 127$ $d\varepsilon\,[\,0\,,1\,]$

Mögliche Statusveränderungen: Z

Beschreibung: Der Inhalt des Arbeitsregisters W wird mit dem Register f exklusiv ODER-verknüpft. Das Ergebnis steht – abhängig von d – im W-Register oder im Register f.

Beispiel:

```
; Der Inhalt des W-Registers ist B'00001001'
; variable = B'01010001'

          XORWF    variable,0

; Das W-Register enthält nach dieser Operation den Wert B'01011000'
```

00001001	W-REGISTER
01010001	01011000
01011000	Ergebnis

Dieser Befehl arbeitet wie ein Exklusiv-ODER-Gatter in der Digitaltechnik. Die zueinandergehörenden Bits werden miteinander exklusiv ODER-verknüpft und das Ergebnis steht an der Stelle des Bits im W-Register, wenn d gleich 0 (Null) ist. Wird d gleich 1 gesetzt, wird das Ergebnis in variable geschrieben und der letzte Wert geht verloren.

Wahrheitstabelle zu einem Exklusiv-ODER-Gatter:

Ergebnis	IN 1	IN 2
0	0	0
0	1	1
1	0	1
1	1	0

19 Platinen zum Buch

Um das Arbeiten mit den Beispielen im Buch etwas zu erleichtern, werden hier noch ein paar Platinen vorgestellt, auf denen man die Projekte leicht nachbauen kann: Der Anschluss des Empfängers erfolgt immer über JP1.

19.1 Ein Bit übertragen

Die Platine ist sehr einfach gehalten und kann auch für eigene Ideen genutzt werden.

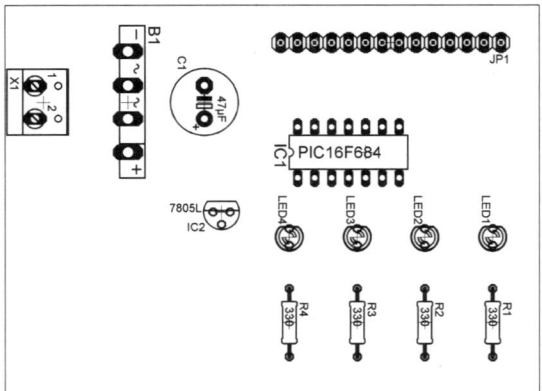

Abb. 19.1: Bestückung der Platine zur Schaltung „Ein-Bit übertragen"

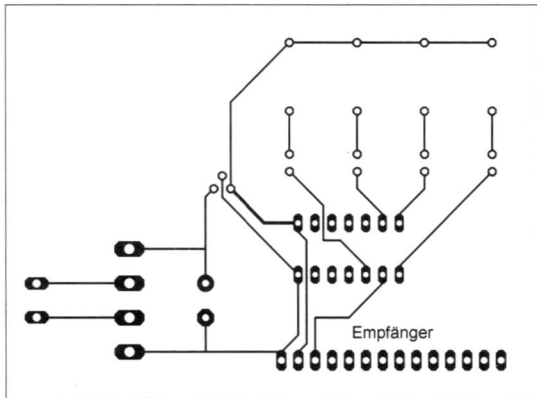

Abb. 19.2: Layout zur Schaltung „Ein-Bit übertragen"

.Autorennbahn

Die Platine ist sehr einfach gehalten. Sie verfügt, neben dem PIC-Controller, lediglich über den Anschluss für den Empfänger und einen Leistungstransistor zum Ansteuern eines Verbrauchers. Die vorgestellte Platine kann auch für eigene Ideen genutzt werden, wie z. B. die Ansteuerung einer Lampe.

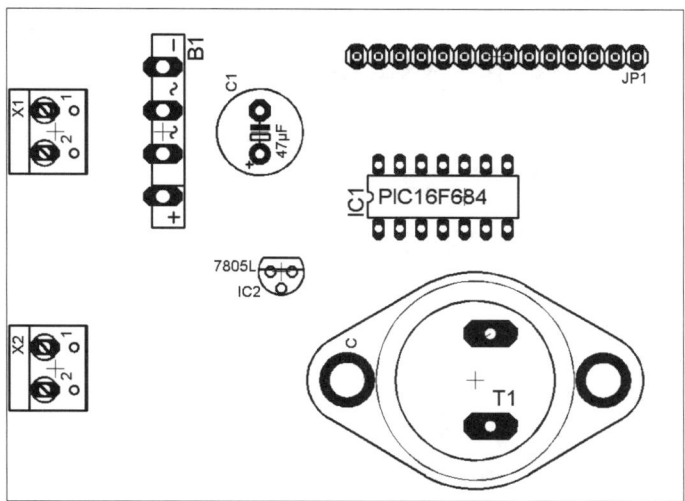

Abb. 19.3: Bestückung der Platine zur Autorennbahn

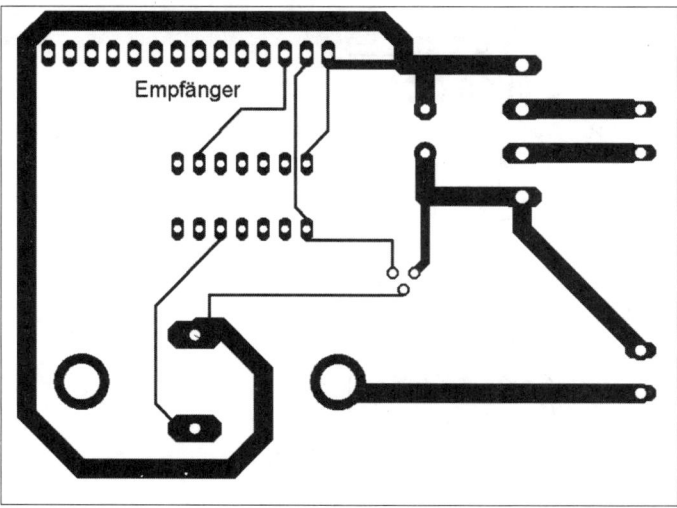

Abb. 19.4: Layout zur Schaltung Autorennbahn

Gartenbahn

Da Gartenbahnen recht groß und hier stets individuelle Lösungen gefordert sind, wird man eine eigene Lösung entwickeln müssen. Im Rahmen einer Software-Entwicklung ist eine kleine Testplatine, die sich allerdings nicht zum Betrieb unter Last eignet, entstanden:

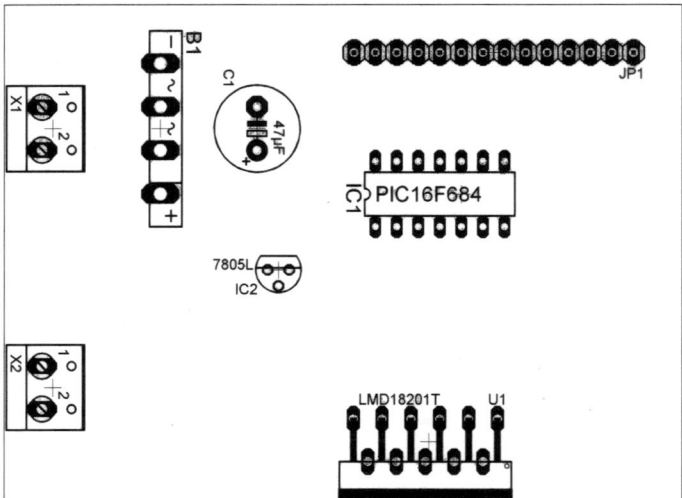

Abb. 19.5: Bestückung der Platine zur Gartenbahn

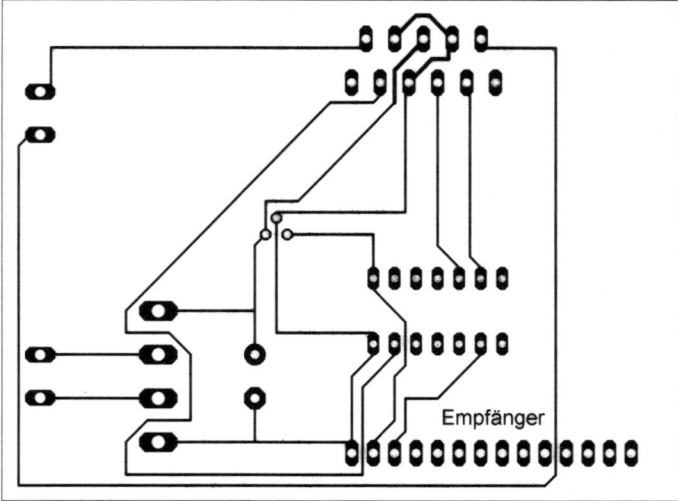

Abb. 19.6: Layout zur Schaltung Gartenbahn

20 Bezugsquellen

Das rf-PICkit ist bei dem Distributor Farnell im Programm. Farnell liefert aber nur an Bestandskunden, Studenten oder Gewerbetreibende.

Am leichtesten erhält man das rf-PICkit, oder auch alle anderen Entwicklungs-Tools, als Privatperson direkt bei Microchip im Internet (www.microchip.com). Dazu gibt es seit geraumer Zeit das Portal microchip direct. Um dort bestellen zu können, muss man sich einmalig anmelden und die Möglichkeit haben, per Kreditkarte bezahlen zu können. Gelegentlich gibt es dort sogar reduzierte Preisaktionen auf die Tools. Lediglich die Versandkosten sollte man im Auge behalten, da sie von Land zu Land unterschiedlich ausfallen können.

Alle anderen Bauteile, sowie auch einzelne PICs, erhält man bei fast allen großen Elektronikdistributoren oder im Internetversandhandel.

Abb. 20: Pickit Verpackt

21 Befehlsliste

Seite	Schreibweise	Bedeutung	Operation	Beschreibung	Status
114	ADDLW	Add Literal and W	$(W) + k \rightarrow (W)$	addiert das W-Register mit der angegebenen Konstanten, das Ergebnis steht in W	C,DC,Z
115	ADDWF f,d	Add W and f	$(W) + (f) \leftarrow$ (destination)	addiert das W-Register zum angegeben Register, das Ergebnis steht in W oder f	C,DC,Z
116	ANDLW	AND Literal with W	(W) .AND. $(k) \leftarrow$ (destination)	UND-Verknüpfung des W-Registers mit der angegebenen Konstanten	Z
117	ANDWF f,d	AND Funktion	(W) .AND. $(f) \leftarrow$ (destination)	UND-Verknüpfung des W-Registers mit dem angegebenen Register	Z
118	BCF f,d	Bit Clear f	$0 \leftarrow (f <b>)$	Löscht das angegebene Bit im angegebenen Register	keine
118	BSF f,d	Bit Set f	$1 \leftarrow (f <b>)$	Setzt das angegebene Bit im angegebenen Register	keine
119	BTFSS f,d	Bit Test f, Skip if Set	skip if $(f<b>) = 1$	Überspringe den nächsten Befehl, wenn angegebenes Bit gesetzt ist	keine
120	BTFSC f,d	Bit Test f, Skip if Clear	skip if $(f<b>) = 0$	Überspringe den nächsten Befehl, wenn angegebenes Bit nicht gesetzt ist	keine

Seite	Schreibweise	Bedeutung	Operation	Beschreibung	Status
121	CALL k	Call Subroutine	(PC)+ 1 ← TOS	Aufruf eines Unterprogramms mit erwartetem Rücksprung	keine
122	CLRF f	Clear f	00h ← (f)	Löscht das angegebene Register	Z
122	CLEARW	Clear W	00h ← (W)	Löscht das W-Register	Z
123	CLRWDT	Clear Watchdog Timer	00h ← (WDT)	Löscht den Watchdog-Zähler	TO,PD
123	COMF f,d	Complement f	(f) ← (destinotion)	Komplementire (invertiere/umdrehen) das angegebene Register	Z
124	DECF f,d	Decrement f	(f) - 1 ← (destinotion)	Dekrementire (verkleinern/subtrahiere) das angegebene Register um 1	Z
125	DECFSZ f,d	Decrement f Skip if 0	(f) - 1 ← (destinotion): skip result = 0	Dekrementire das angegebene Register um 1 und überspringe den nächsten Befehl, wenn (f) =0	keine
126	GOTO k	Unconditional Branch	k ← PC	gehe zu angegebener Position (k)	keine
127	INCF f,d	Increment f	(f) + 1 ← (destination)	Inkrementiere (vergrößere/adiere) das angegebene Register um 1	Z
128	INCFSZ f,d	Increment f, Skip if 0	(f) + 1 ← (destinotion): skip result = 0	Inkrementiere das angegebene Register um 1 und überspringe den nächsten Befehl, wenn (f) =0	keine
129	IORLW k	Inclusive OR Literal with W	(W) .OR. K ← (W)	Oder-Verknüpfung des W-Registers mit den angegebenen Konstanten	Z

Seite	Schreibweise	Bedeutung	Operation	Beschreibung	Status
130	IORWF f,d	Inclusive OR Literal with f	(W) .OR. (f) ← (destination)	Oder-Verknüpfung des W-Registers mit dem angegebenem Register	Z
131	MOVF f,d	Move f	(f) ← (destinotion)	Der Inhalt des angegebenen Registers wird abhängig von d in sich selbst oder in W verschoben	Z
131	MOVLW k	Move Literal to W	k ← (W)	Die Konstante k wird in das Arbeitsregister W geschoben	keine
132	MOVWF f	Move W to f	(W) ← (f)	Der Inhalt des W-Registers wird in das angegebene Register geschoben	keine
132	NOP	No Operation	No operation	Pause, in der Zeit wartet der Controller auf den nächsten Befehl (ein Taktzyklus)	keine
133	RETFIE	Return from Interrupt	TOS ← PC, 1 → GIE	Rücksprung aus Interruptroutine	keine
134	RETLW k	Return with Literal in W	k ← (W), TOS ← PC	Rücksprung aus Interruptroutine mit Laden der angegebenen Konstante ins W-Register	keine
135	RLF f,d	Rotate Left f through Carry	shift left	Der Inhalt von f wird um 1 nach links geschoben, das obere Bit wird durch Carry unten wieder eingesetzt	C
136	RETURN	Return from Subroutine	TOS ← PC	Rücksprung aus einem Unterprogramm	keine

Seite	Schreibweise	Bedeutung	Operation	Beschreibung	Status
137	RRF f,d	Rotate Right f through Carry	shift right	Der Inhalt von f wird um 1 nach rechts geschoben, das obere Bit wird durch Carry unten wieder eingesetzt	C
138	SLEEP	Sleep		Aktivieren des SLEEP Modus, Power down	TO,PD
139	SUBLW k	Subtract W from Literal	k -(W) ← (W)	Das W-Register wird von der angegebenen Konstante abgezogen, das Ergebnis steht in W	C,DC,Z
140	SUBWF f,d	Subtract W from f	(f) - (W) ← (destination)	Das W-Register wird von dem angegebenen Register abgezogen, das Ergebnis steht in W oder (f)	C,DC,Z
141	SWAPF f,d	Swap Nibbles in f		Vertauscht das obere und untere Halb-Byte vom angegebenen Register	keine
142	XORLW k	Exclusive OR Literal with W	(W) .XOR. K ← (W)	Der Inhalt des W-Registers wird Exclisiv-ODER mit der Konstanten verknüpft, das Ergebnis steht in W	Z
143	XORWF f,d	Exclusive OR W with f	(W) .XOR. (f) ← (destination)	Der Inhalt des W-Registers wird Exclisiv-ODER mit f verknüpft, das Ergebnis steht in W oder f Z	

22 Stichwortverzeichnis

Entwickeln Sie Ihre eigenen Anwendungen und damit praktisch Ihr eigenes Spezial-IC. Sei es eine spezielle Alarmanlage, ein Messgerät oder eine Robotersteuerung, mit den entscheidenden Grundkenntnissen können Sie Ihre Ideen umsetzen. Die im Lernpaket enthaltene Hardware ist zugleich Entwicklungsplattform und Programmiergerät. Sie können also weitere Mikrocontroller programmieren und dann in Ihre Schaltungen einbauen. Zu den einzelnen Versuchen gibt es Aufbauzeichnungen, Fotos und fertige Software-Projekte. Die Experimentiersoftware enthält neben den erforderlichen Programmierwerkzeugen auch Interface-Funktionen und ein einfaches Speicheroszilloskop.

Der Schwerpunkt des Lernpakets liegt in der Vermittlung der Grundlagen hardwarenaher Mikrocontroller-Programmierung mit einer gründlichen Einführung in Assembler. Das Lernpaket enthält einen Bausatz für ein Programmier- und Entwicklungssystem rund um den ATtiny13. Der Bausatz mit Platine und allen Bauteilen ist zum Stecken und Löten.

Lernpaket Mikrocontroller

Kainka, Burkhard ; 2007; Software auf CD-ROM, 120-seitiges Handbuch

ISBN 978-3-7723-**4899-0**   € **49,95**

Die Hürde zum Selbstprogrammieren von PIC-Mikrocontrollern liegt längst nicht so hoch, wie vielfach angenommen wird. Das Problem besteht dabei weniger in der Sache selbst als in der Frage, wie man als Einsteiger zu konkreten Ergebnissen kommt, ohne erst stundenlang dicke Datenbücher studieren zu müssen. Dieses Buch informiert über alles, was zu einem schnellen Start mit PIC-Controllern erforderlich ist. Das Buch bietet anhand des im Handel erhältlichen PICkit 1FLASH Starter Kit einen Einstieg in die Welt der PIC-Mikrocontroller. Das Starter Kit liefert die erforderliche Entwicklungsumgebung, die Brennfunktion und eine kleine Testumgebung.

PICs für Einsteiger

Thorsten Mumm; 2007; ca. 120 Seiten

ISBN 978-3-7723-**4994-2**

€ **19,95**

Neugier genügt! Mit diesem Lernpaket schafft jeder den ersten Einstieg in die Elektronik mit USB. Ganz ohne Vorkenntnisse – mit einfachsten Experimenten geht es los.

Heute sind die PCs neuster Generation nur noch mit USB ausgestattet. Beschäftigt man sich mit der USB-Schnittstelle, ist die Komplexität für manche Anwender zunächst abschreckend. Wo man früher noch mit der parallelen oder seriellen Schnittstelle des PCs die eigene Elektronik einfach steuern und regeln konnte, muss man sich heute zwangsweise mit USB auseinandersetzen. Der in diesem Lernpaket verwendete FTDI-USB-Baustein zeigt Ihnen, wie interessante USB-Steuerungen oder USB-Datenerfassungssysteme zum Teil auch ohne Mikrocontroller aufgebaut werden können.

Lernpaket Experimente mit USB

USB-Adpter + Platine + 17 Bauteile + Software + Handbuch-CD

ISBN 978-3-7723-**5626-1**   € **49,95** UVP

Besuchen Sie uns im Internet – www.franzis.de